U0188030

武昌历史文化丛书 编委会／编

武昌历史文化丛书

武昌地标

Wuchang Dibiao

马志亮
许颖 著
丁援

武汉出版社

Wuhan
Publishing House

（鄂）新登字 08 号

图书在版编目(CIP)数据

武昌地标 / 马志亮，许颖，丁援著. — 武汉：武汉出版社，2021. 6
（武昌历史文化丛书）
ISBN 978 - 7 - 5582 - 4620 - 3

I. ①武… II. ①马… ②许… ③丁… III. ①建筑物 - 介绍 - 武昌区 IV. ①TU－862

中国版本图书馆 CIP 数据核字(2021)第 097936 号

武昌地标

著　　　者：马志亮　许　颖　丁　援
出 品 人：朱向梅
策划编辑：胡　新
责任编辑：何小敏
封面设计：马　波
出　　　版：武汉出版社
社　　　址：武汉市江岸区兴业路 136 号　　邮　　编：430014
电　　　话：(027)85606403　　85600625
http://www.whcbs.com　　E-mail：zbs@whcbs.com
印　　　刷：湖北新华印务有限公司　　经　　销：新华书店
开　　　本：787 mm×1092 mm　1/16
印　　　张：14　字　　数：180 千字
版　　　次：2021 年 6 月第 1 版　　2021 年 6 月第 1 次印刷
定　　　价：45.00 元

序 一
Preface

"求木之长者，必固其根本；欲流之远者，必浚其源泉。"一个城市的生命和灵魂，来自深厚的历史底蕴与坚实的文化内核；一个城市的品位和底气，离不开强大的文化自信与不竭的创新动力。挖掘历史资源、激活文化基因，事关精神命脉的传承，事关城市的永续发展。

有着近一千八百年建城史的武昌，历史悠久，文脉绵长。在这里，一座古城，风韵悠然，阔步前行，穿越千年沧桑；一处名楼，文人墨客，咸集诗赋，各领绝代风骚；一件大事，辛亥首义，敢为人先，改变中国历史；无数英豪，指点江山，前仆后继，浴血谱写辉煌。因为有了历史和文化的充分滋养，武昌始终生机勃勃、活力无限，为荆楚文化在中华文明总谱系中留下独特的基因和符号提供了丰富的给养。这片有着绚烂历史和强烈魅力的土地，一直等待着我们去发现、去感受、去领略、去彰显。

正因如此，我们有优势、有情怀，更有责任、有义务弘扬武昌的优秀历史文化，把武昌故事讲好，把武昌自信提升好，把武昌力量凝聚好。与其他展示武昌历史文化的论著不同，这套丛书全面系统梳理了多年散落在民间、口口相传的武昌老故事，通过精心的考证，深入挖掘其中蕴含的思想观念、人文精神和道德规范，并适应时代发展进行继承和创新，凸显出武昌发展的个性和魅力——从这个层面上讲，这套丛书的意义已经远远超出了文史资料的价值，它是武昌文脉的复现，为活化武昌文化遗产、树立武昌城市精神、提振市民精气神将作出独有的贡献。

　　丛书立足武昌历史根脉，突出武昌文化核心元素，在时间上自公元223年孙权建筑夏口城起至20世纪60年代，在空间上以武昌区现在的行政区划为主，分为"综合""武昌人物""武昌风物""武昌景物""武昌文物"和插画版"武昌指南"六个系列，将为武昌发展作出重大贡献的历史人物、影响历史进程的重大事件与武昌地域特色文化相结合，用群众喜闻乐见的语言讲历史故事、叙文化传统、说武昌古今。本书内容上具备理论高度、学术价值和思想深度，形式上明白晓畅，通俗易懂，能够激起读者情感共鸣，兼具历史性、时代性、知识性、可读性与权威性，可谓宣传推介武昌的集大成之作。

　　今天，武昌的经济体量已进入"千亿级"时代，站在新的起点，文化软实力正是提升我们综合竞争力和可持续发展能力的关键因素。习近平总书记说，"文化自信是一个国家、一个民族发展中更基本、更深沉、更持久的力量"，在建设创新型城区和国家中心城市核心区的征程上，我们更要"以古人之规矩，开自己之生面"，更要坚守中华文化立场，传承中华文化基因，展现中华审美风范。愿我们携起手来，共同努力，让传统文化与现实文化相融相通，让个体情感与集体情感同频共振，为新时代武昌的改革创新发展注入每一个人的家国情怀！

　　为策划、编纂和出版这套丛书，一大批专家学者以及许多市区老领导、政协委员都倾注了深厚的感情，为丛书的诞生奠定了坚实的基础，在此，由衷感谢他们为发展、延续武昌历史文化付出的巨大心血！

刘　洁

2018 年 12 月

/序 二/
Preface

　　酝酿已久的《武昌历史文化丛书》终于要正式出版了，作为一个历史工作者和这套丛书的专家委员会主任，我感到由衷的高兴，十分乐意借写序的机会，同大家分享一下我的几点感想。

　　第一，为什么要出版《武昌历史文化丛书》？

　　武汉三镇之中，当属武昌的历史最为悠久，早在春秋战国时期，楚国就在这一地区设有封君夏侯。三国时期，孙权将东吴政治中心迁鄂（今鄂州市），寓"以武而昌"之意，改鄂名为"武昌"，这是武昌之名的由来。公元223年，孙权在江夏山（蛇山）筑夏口城，从而开启了武昌古城的历史，至今已近一千八百年。从元代设湖广行省起至清末，武昌一直是省级大区域行政中心。北伐战争后，改武昌县为武昌市。1927年，武汉三镇在行政区划上正式统一为一市。1949年武昌解放后，成为中共湖北省委、省人民政府所在地，在1952年调整区划后，正式成立武昌区人民政府。

　　千百年来，武昌因其独特的地理区位，始终处于社会变革的最前沿，承载着中华民族波澜壮阔的历史变迁，书写着气势磅礴的历史画卷。武昌人文底蕴深厚。屈子行吟，崔颢题诗，李白唱和……近代以来，张之洞督鄂，兴实业，办教育，练新军，新旧学堂并起，东西文化交融，风气大开，武昌由此奠定了全省文化中心的地位，诚如张之洞题黄鹤楼楹联中云："昔贤整顿乾坤，缔造先从江汉起；今日交通文轨，登临不觉亚欧遥。"
武昌自然风光秀丽。东湖、沙湖、紫阳湖等，妩媚多娇；洪山、蛇山、珞珈山等，玲珑别致；黄鹤楼、宝通寺、长春观等，景色优美。山灵水秀，人文荟萃，让武昌成为最适宜居住的城区。

武昌历史悠久、文化厚重、科教区位优势明显，是武汉的城市文化名片，而《武昌历史文化丛书》正是一套向世人充分展示武昌这座历史文化名城的独特魅力和风采的作品。

第二，如何编好《武昌历史文化丛书》？

武昌是武汉文脉沉淀之地，积累了丰厚的文化资源，如黄鹤楼文化、辛亥首义文化、名人文化等，此前也有若干零星介绍武昌历史文化的图书，而这套丛书则是第一次全面系统梳理千年古城的历史文化、系统挖掘武昌历史文化资源的重要工程。

本丛书在整体设计上分为六个系列，形式新颖，内容全面，体系完整，时间上从公元223年至1960年代；空间上以现有武昌区行政区划为主，必要时以历史上的大武昌概念为界定，将为武昌发展作出重大贡献的历史人物、影响历史进程的重大事件与武昌地域特色文化相结合，激活武昌文化基因，展现真实、立体、全面的武昌，集中呈现武昌深厚的文化底蕴。

在作者的选择上，着重选择了对武昌历史文化素有研究的专家学者；在内容上，利用新史料，体现研究新成果，集历史性、权威性、知识性、可读性于一体；在形式上，采取图文并茂的形式。

第三，编撰《武昌历史文化丛书》的意义何在？

习近平总书记在党的十九大报告中指出："文化兴国运兴，文化强民族强。没有高度的文化自信，没有文化的繁荣兴盛，就没有中华民族伟大复兴。"只有对自身文化有高度的自信，才可能带来武昌的繁荣兴盛。在新时代下，启动这套丛书的编撰，既体现了武昌区委、区政府的远见，也可谓正逢其时。

该丛书既是在新时代第一次全面、系统挖掘武昌历史文化资源的重要文化工程，也是响应市委、市政府建设"历史之城、当代之城、未来之城"号召的实践成果，更是加快建设现代化、国际化、生态化大武汉，全面复兴大武汉的具体举措，功在当代，利在千秋。

本丛书立足武昌，深入挖掘其中所蕴含的思想观念、人文精神、道德规范，并结合时代要求继承创新，突出展示武昌最具特色的核心文化元素，集中挖掘城区的文化根脉，讲好武昌故事，传承历史文化记忆，对于传承武昌区优秀的历史文化、提升居民文化自信、推进城区文化建设具有重大的现实意义，必然成为武汉市打造国家中心城市和世界亮点城市规划中绚丽的一环。

关于学习历史的意义，习近平总书记在中央党校建校80周年庆祝大会暨2013年春季学期开学典礼上讲道："学史可以看成败、鉴得失、知兴替。"从武昌悠久、丰厚的历史文脉当中，我们也一定可以看清她的成败、得失、兴替，从而以更加清醒的头脑和更为厚重的历史感，借改革开放四十年的东风，更好地了解武昌、建设武昌、发展武昌。

是为序。

马　敏

2018 年 12 月于武昌桂子山

近三十年来，随着中国城市化进程的推进，诸市竞相打造超高层建筑，而具有地域特色的老旧屋宇或被拆除，或淹没在林立的格式化楼群之间，城市的个性化特色正在消失，有识者发出"千城一面"的叹息。这就提出了城市地标的问题。

愚以为，卓异的摩天大厦当然可以成为某城的地标，而那些与市民时代相依，已然是城市历史文化象征的建筑，更应当视作城市地标。我们手头的这本图文并茂的《武昌地标》一书，有说服力地回答——何为城市地标。

自三国孙吴在黄鹄矶头修筑夏口城以来，武昌城史已近一千八百载，其文脉的物质遗存，见之于黄鹤楼、宝通寺、长春观，见之于昙华林、红楼、武汉大学早期建筑群，见之于万里长江第一桥——武汉长江大桥……《武昌地标》为我们彰显它们的伟姿，诠释它们的文化内蕴，与我们共同切磋怎样保护并提升城市地标。

冯天瑜

2021 年 5 月 15 日于武昌珞珈山

目　录 /Contents

黄鹤楼

　　矗立在长江南岸蛇山之巅的黄鹤楼，面朝长江，背倚武昌，西控岳阳楼，东凌滕王阁，雄踞江南三大名楼之中，始建于三国时期，距今已近 1800 年，魅力经久不衰，屡毁屡建，规模不断扩大，如今已形成东起大东门、西至桥头堡、北邻京广线、南靠武汉长江大桥引桥、人文与自然景观兼具的中国古典式园林——黄鹤楼公园，是武汉最负盛名的城市地标。

一、历史上的黄鹤楼

　　黄鹤楼最初的兴建出于军事目的。据《三国志·孙权传》记载："黄武二年，城江夏山。"当时东吴孙权为了抵御西蜀刘备并防备中原曹魏，依江夏山（今武昌蛇山）之险，在其东北筑城，因与夏水（今汉江）入江口隔岸相对，故称"夏口城"，此为武昌城的发端。另外，他还在夏口城西南角的黄鹄矶上建造了一座俯视长江的角楼，用于观察江面船只和对方军营动向，兼具居高指挥水军之用，这便是最早的黄鹤楼。

　　江夏山由东西排列首尾相连的七座山（自西而东依次为黄鹄山、殷家山、黄龙山、高观山、大观山、棋盘山、西山）组成，形如伏蛇，南宋陆游《入蜀记》描述其为"石城山缭绕如伏蛇，自西亘东"，故后世多称其为"蛇山",至1909年《湖北省城内外详图》正式将其定名为"蛇山"。黄鹤楼建于其中最西、最险的矶头,该矶黄石陡峭,伸入大江,远望仿如"黄鹄"("鹄"为天鹅),故得"黄鹄山"(或"黄鹄矶")之名。因"鹄""鹤"为一音之转,二字常被古人混用,黄鹄山和黄鹤山、黄鹤楼和黄鹄楼的称法皆见于书纸,但以鹄称山,以鹤称楼逐渐(尤其是明清以来)相沿成习,遂形成如今山名和楼名不统一的现象。在漫长的历史时期,围绕黄鹤楼与黄鹄、黄鹤,众多文人和民间人士又生发出许多神仙传说和诗词佳句,为这座江南名楼披上了缥缈神奇、瑰丽浪漫的荆楚文化外衣。

西晋、南朝时期,夏口一直是州治、郡治所在的战略要地,城角的黄鹤楼作为重要的军事望楼,在战火中屡毁屡建,顽强地存在着。直至隋唐一统,承平日久,黄鹤楼的军事功能才开始逐渐退化,演变为文人雅士们观景宴集、送别故友的游览胜地。崔颢、李白、王维、孟浩然、刘禹锡、白居易、贾岛、孟郊等众多文人墨客都在此留下了名篇佳句,大大提升了黄鹤楼的名声,至中唐时期,黄鹤楼已成"荆吴形胜之最"。晚唐敬宗宝历年间(825—826年),时任武昌军节度使的牛僧孺,以夏口城为基址,向东南北三个方向拓建鄂州城,使黄鹤楼从城墙中脱离,成为独立的景观建筑,强化了旅游功能,正式完成了由瞭望守成的"军事楼"向登临游乐的"观赏楼"的转变。

未几,唐末五代战火再起,黄鹤楼侥幸得存。至北宋时期,黄鹤楼已发展成为由楼、台、轩、廊组成的建筑群落,坐落在子城的高台之上,主楼二层,每层翘角重檐,十字脊歇山顶,周围回廊,主次分明,依山面江,富丽堂皇,楼内彩绘藻井,吸引的游人也越来越多。南宋绍兴四年(1134年),抗金名将岳飞率军收复襄阳六州,驻节鄂州(今武昌),将帅府设于黄鹄山下临江处,并登楼北望,写下名篇《满江

黄鹤楼（麦小朵绘）

图 1　宋代界画《黄鹤楼》（临摹）

图 2　元代永乐宫壁画中的黄鹤楼形象（临摹）

图 3　明初安正文画《黄鹤楼雪景图》（临摹）

图 4　清代雍正《湖广通志》中的黄鹤楼

图 5　清代咸丰年间黄鹤楼（根据当年照片复制）　图 6　清代同治黄鹤楼（根据光绪年照片复制）

图 1-1　宋代以来黄鹤楼形象临摹图

（来源：向欣然.论黄鹤楼形象的再创造 [J].建筑学报，1986（08）.）

红·登黄鹤楼有感》，表明其克复中原之志，畅想胜利归来后重游黄鹤楼，体会仙人乘鹤之乐。

此后不久，黄鹤楼再度倾毁，直至元初才得以重建。在此期间，黄鹄山山顶的南楼取代了黄鹤楼，成为武昌古城江岸最重要的观赏楼。元楼规模和形制虽不及宋楼，但仍不失高大雄伟，建筑风格也更加富丽堂皇，还在建筑群落中进行植物造景，使黄鹤楼由单纯的建筑群落发展为有植物的庭院。元代后期，黄鹤楼前还出现了一座供奉舍利和安葬佛教法物的喇嘛塔——胜像宝塔，此后几经变革，又在 20 世纪 80 年代黄鹤楼重建时迁入了新楼的正前方，成为黄鹤楼公园中保存最古老、最完整的单体建筑。

在元末的武昌战乱中，黄鹤楼再遭兵燹，但旋即在明初重建。此后，黄鹤楼在明代又经历了六次毁坏和五次重建（最终毁于明末战火），其形制规模不断扩大，布局也有所变化，以牌坊迎面，粉墙回绕，苍松翠柏，花木扶疏。明楼为四面八方形，叠梁重檐攒尖顶，四边各有骑楼，五顶并立，主次分明。各层排檐起翘，势如黄鹤，形制较以往更加隽秀。楼后陆续增建了留云阁、白龙池、涌月台和仙枣亭等一大批附属景点，使游览面积再次扩大，景致更加丰富，壮丽的风光与幽深的园林互为烘托，使黄鹤楼更显雄伟迷人，吸引无数游人前来羡仙怀古。

经过明代的经营，黄鹤楼的兴毁已然成为治乱的象征，关乎民心的向背和社会的稳定，故其在清代也受到格外的重视。顺治十三年（1656年），刚刚控制局面的清政府立即着手重修黄鹤楼，虽因战事频仍，经费不足，仅将明代楚王府的敕书楼改建为黄鹤楼，只是一座临江的单体建筑，形制也较为简单，楼高三层，单檐攒尖顶，绕以立柱，不用斗拱，但仍比明代最后一次建的黄鹤楼高出三丈多，达到九丈九尺。而且，改建的黄鹤楼，其建筑由原来的楼阁式演变为高耸入云的塔式，楼体也更加轻盈，黄鹤楼的这种建筑样式被保持至今。

此后至清末，黄鹤楼又经历过四次毁灭性的火灾、雷击或兵燹（1664 年、1702 年、1856 年、1884 年）和七次重建或修缮（1664 年、1674 年、1704 年、1722 年、1736 年、1796 年、1868 年），基本是即毁即建。楼址在城外江边黄鹄矶至城内山麓间往来挪移，园区规模较之前代又有所扩大。层数一直保持三层。其中乾隆楼最为雄伟壮观，高度较康熙楼增加一倍，达到十八丈，其所受的帝王隆宠也趋于鼎盛。乾隆四十四年（1779 年），乾隆皇帝为黄鹤楼题写了"江汉仙踪"的匾额。乾隆五十四年（1789 年），乾隆皇帝为江夏县百岁老人吴国瑞御制了一方"百岁寿民吴国瑞四世一堂"诗碑，置于黄鹤楼中。

同治七年（1868 年）九月，在相继平定太平军和捻军之后，清政府开始兴建清代最后一座黄鹤楼，次年六月建成。同治楼的体量远不及乾隆楼，但楼高依然可达七丈二尺，加上高九尺的铜顶，正合九九八十一尺的重阳之数。平面明为四方，实为八角。楼层明为三层，暗为六层。共设鹊巢形斗拱三百六十个，合周天三百六十度之意；大小屋脊七十二条，合全年七十二候之意。同时还用余料重建了太白堂、一览亭、涌月台、留云阁、白龙池等附属景点，并大力营建了官胡二公祠、曾公祠，构筑了黄鹤楼区的新景观。

同治楼建成后不久，同治十年（1871 年），英国人约翰·汤姆森途经武汉三镇，拍摄了矗立在武昌江滨的同治楼（汤姆森称其为"武昌塔"），成为迄今发现最早的、有确切年份的黄鹤楼照片。光绪十年八月初四日（1884 年 9 月 22 日）晚，同治楼遭大火焚毁。此后国事艰难，虽屡有重建的动议，但终不能实现，江城缺失黄鹤楼长达百年之久。

图1-2 同治楼近景
（英）阿绮波德·立德（Archibald Little；别名立德夫人）摄

图1-3 同治楼远景
（俄）阿道夫·伊拉莫维奇·鲍耶尔斯基（Adolf Erazmovich Boiarskii）摄于1874年

二、黄鹤楼遗址的演变与新楼的筹建

同治楼遭焚之际，清王朝也陷入了内外交困的泥淖，无力重建，但筹建动议和在黄鹤楼遗址上的小规模补偿性建设却屡有发生。

19世纪90年代初，湖广总督张之洞在营建汉阳铁厂之际，曾针对黄鹤楼常遭火灾的问题，向僚属说过，将来炼铁有效，黄鹤楼要用铁造，以避免火灾，但并未付诸实践。

光绪三十年（1904年），湖北巡抚端方在黄鹤楼遗址附近主持修建了一栋两层西式红色楼，四面皆置半圆拱形门窗，正方楼顶一角装有大自鸣钟，用以瞭望并报告火警，俗称"钟塔"或"警钟楼"，但其形制、规模与风格气势皆远逊黄鹤楼。后有人在此开设酒馆，名曰"纯阳楼"，取吕洞宾（号"纯阳子"）骑鹤成仙的典故。

光绪三十三年（1907年），张之洞进京升任军机大臣。其门生故旧遂筹资在黄鹤楼遗址上建成"风度楼"，以歌颂张之洞有蔺相如的风度。其形制虽有类似黄鹤楼之处，楼高三层，略呈矩形，斗拱飞檐，门前依黄鹤楼的旧制，悬"南维高拱"匾额，但规模甚小。落成后，张之洞自

图1-4　黄鹤楼遗址远景（画面中部的警钟楼和右侧的奥略楼清晰可见）

（日本）金丸健二摄于1920年

图 1-5　抗战时期的奥略楼

（来源：《中华（上海）》1938 年第 62 期，原有配文：奥略楼亦为武昌之名贵风景地，游者接踵而至，惟在此国难时期，亦必逊色多矣！）

谦，根据《晋书·刘弘传》中的"恢宏奥略，镇绥南海"的语意，将其改名为"奥略楼"。

警钟楼和奥略楼因修建在黄鹤楼遗址或附近，人们常称二者为"黄鹤楼"，尤其是奥略楼楼形恍如旧时黄鹤楼，更多被游人视作黄鹤楼。

1911 年 1 月 30 日（辛亥年正月初一），湖北新军中的革命党人蒋翊武、詹大悲、刘复基、章裕昆等人借"团拜"为名，在奥略楼召开文学社成立大会。1911 年辛亥首义期间，初战告捷的武昌义军将九角十八星旗插在了警钟楼上，向民众昭告了武昌城的光复，奥略楼和黄鹄矶则成为义军的炮兵阵地。1912 年 4 月 10 日，辞去中华民国临时大总统之职的孙中山来到黄鹤楼旧址参观，在涌月台前为三四千人作了"平均地权"的演讲，并合影留念。1917年至1919年间，恽代英同志曾登临奥略楼和警钟楼20余次，既为览胜，更为与同学、同志们聚会商谈，进行革命活动。1919年9月，新文化运动的领袖陈独秀来汉，恽代英十分重视，与之登奥略楼相见，共议国事，"徘徊久之"。

1919年，湖北督军王占元计划重修黄鹤楼以沽名钓誉，不料因其克扣军饷而引发省内十多次兵变，修楼之事一拖再拖，最终于1921年8月随其免职而作罢。1922年4月下旬，新任湖北督军萧耀南和湖北省长刘承恩联名下达训令，决定重修黄鹤楼。起初一年多不见起色。1924年，应武汉三镇绅商之请，重启修楼计划，还任命绅商首脑徐荣廷和李紫云为督修，筹款颇为顺利。当年8月，萧耀南在武昌召集官商学界知名人士94人，商谈筹款事宜，筹得资金8万元，加上王占元时期筹得的30万元，重建黄鹤楼的资金问题已经得到解决。听闻黄鹤楼即将重现江城，原翰林院编修胡大华撰写了一篇《拟重修黄鹤楼记》，为修楼盛举大唱赞歌。但不料正当徐荣廷等拟购料动工之时，有人挟私抨击，认为像重建黄鹤楼这样的盛举，"宜由全体鄂人平均捐资，不应少数人负担独享大名以去"。最终直至1926年萧耀南去世，重建黄鹤楼的工程也未能动工。

1932年秋，蒋介石偕宋美龄和孔祥熙、宋蔼龄夫妇一行到警钟楼和奥略楼一带游览。蒋介石看到黄鹤楼遗址上散布着茶楼、酒店和照相、算命摊点，认为这与黄鹤楼的盛名很不相符，指示"应予修建"。蒋介石的把弟夏斗寅（时任湖北省政府主席）闻言，立即请出湘鄂文化名人王葆心起草《重修武昌黄鹤楼募资启》，公告各界，筹资建楼，但仍是"只见文章不见楼"。1931年武汉三镇刚遭特大洪灾，湖北省建设厅厅长李书城感到政府无力重修，遂制订计划，要将黄鹤楼遗址改为武昌公园，并不提黄鹤楼重建之事。

全面抗战初期，武汉三镇一度成为全国抗战的中心，周恩来、郭沫若、田汉、冼星海等同志在黄鹤楼遗址主持过全市性的大型群众宣传活动。1938年4月7日，国民政府军事委员会政治部第三厅（旨在国共联合统一抗日）召开宣传周开幕典礼，三镇四五十万人参加。武昌的民众齐聚奥略楼附近，将道路堵得水泄不通，轮渡上的乘客都无法下船，无数的火炬照亮了长江两岸。

1938年8月，在著名戏剧家田汉（时任第三厅艺术宣传处处长）的指导下，第三科（美术科）的同志们在奥略楼楼下护壁上绘制了一幅抗战大壁画——《保卫大武汉》。这幅壁画高约12米、宽约45米，面对长江，画面中心的蒋介石正在指挥杀敌，誓要收复失地。

图1-6　1938年10月的奥略楼（常被误作黄鹤楼）大壁画

（来源：蔡涛.1938年：国家与艺术家·黄鹤楼大壁画与抗战初期中国现代美术的转型[D].中国美术学院，2013.）

图1-7　新中国成立初期的奥略楼（刘文祥供图）

武汉沦陷后，日军将黄鹤楼一带划为军事区。1941 年 9 月 1 日，为笼络人心，日伪当局举行武汉名胜古迹保存运动座谈会，将黄鹤楼、南楼、张公祠、奥略楼等 131 处名胜古迹列入保存名单。1942 年 7 月 10 日上午 10 时，日伪举行了隆重的移交仪式，将黄鹤楼移交伪湖北省政府。但直至日本投降，武汉日伪当局也未对黄鹤楼等名胜古迹略加修缮，倒是将奥略楼楼下护壁上的大型抗战壁画整个铲毁了。

1946 年 8 月，武昌市政筹备处拟订《修建市区文化古迹计划》，准备重修或修缮黄鹤楼、文庙、抱冰堂与卓刀泉等，并组织武昌市修建市区文化古迹筹募委员会印制捐册，送请武汉各机关首长及绅商与外埠鄂籍人士分别劝募建筑费用，自发送捐册之日起，以三个月内募足为原

图 1-8 拆除前的警钟楼（唐浩供图）

则，但该计划迟迟未能实行。1947 年 4 月 9 日，武昌市政府将武昌市政筹备处改为"武昌市政府中山纪念堂暨文化古迹筹建委员会"。5 月 14 日，筹建委员会召开发起人座谈会，通过了《"武建会"筹募办法》，再次开启募资修楼行动，但当时国民政权已是风雨飘摇，黄鹤楼重建计划再遭搁浅。

1950 年，武汉长江大桥被确定在龟、蛇二山之间架设，以黄鹄矶为武昌桥头堡，当时就有人提出了"黄鹤楼怎么办"的问题。1955 年 3 月，武汉市决定于 1957 年内在蛇山中部高观山顶重建黄鹤楼。4 月 20 日，武汉长江大桥工程局向武汉市人民委员会等 8 个单位提出"关于黄鹤楼搬迁的几个问题"。次月，黄鹤楼遗址一带开始动工，名胜古迹或迁或拆，警钟楼和奥略楼均被拆除。1956年，武汉市黄鹤楼重建委员会成立，开始进行重建方案设计。1956年至1958年元月，重建委员会先后召开37次会议，提出7处重建地点，后又经实地勘察和讨论，最终选定高观山西坡。

1957年9月6日，毛泽东主席来汉视察长江大桥，并对计划重建黄鹤楼之事表示赞同。随后，铁道部拨专款80万元，以作建楼基金。但到1958年，由于武汉市主要设计和施工力量都投入到关山工业区的重点工程建设，重建黄鹤楼的工作再遭搁置。

三、今楼雄姿

1975年4月2日，武汉市革命委员会文化局提出拟于1977年建成黄鹤楼，以纪念毛主席1927年登临黄鹤楼50周年和1957年指示重建黄鹤楼20周年，请毛主席登楼赋诗。1976年，武汉市委再次批准成立"武汉市重建黄鹤楼办公室"。1978年5月18日，湖北省委在听取有关部门的工作汇报后，明确提出："要把古代黄鹤楼建筑上的优点都吸收过来，结合现代建筑艺术和建筑材料，创建一个优于古代的新黄鹤楼。"1980年2月，湖北省人民政府审定了最后方案，采用"高五层，攒尖顶，层层飞檐，四望如一"的建筑形式。

1981年9月，黄鹤楼重建工程动工，1985年6月10日正式对外开放。新建的黄鹤楼以同治楼为原型设计，四望如一，平面呈折角正方形，占地面积744平方米，建筑面积3219平方米，高51.4米，由原三层木结构改为五层钢筋混凝土结构。72根砥柱在三层花岗岩平台上拔地而起，层层飞檐上挑，恰似黄鹤展翅，檐下设斗拱和撑拱装饰，屋面覆盖黄色琉璃瓦，屋顶攒尖顶上托黄色葫芦形宝顶（仿同治楼宝铜顶，原物置于黄鹤楼正东92米处），四面各起一座歇山骑楼。楼的造型分

图1-9　今黄鹤楼

上中下三段式处理，底层长宽各30米；二、三、四层不作收分，长宽皆22米，直通向上；顶层长宽各18米。

每层皆设大厅、回廊，各层大厅分别以神话、历史、人文、传统和永存为艺术主题。一层以宽大的门廊环绕四周，大厅为花岗岩麻石铺地，周长达2米的16根暗红色大柱直通楼顶，是支撑全楼的主要骨架；分前、后两厅，厅间设有两个电梯井，前厅厅壁上设大型彩色瓷壁画——白云黄鹤图，取材于"驾鹤登仙"的传说。一、二层间有一夹层，俗称跑马廊。二层大厅陈列唐、宋、元、明、清及现代黄鹤楼的模型，正中墙壁镶嵌大幅青石板《黄鹤楼记》，叙述唐代黄鹤楼历史风貌，左右分别为《周瑜设宴》和《孙权筑城》瓷嵌壁画。三层大厅正面为《人

图 1-10　黄鹤楼西眺

文荟萃·风流千古》陶瓷壁画，上有杜牧、白居易、刘禹锡、王维、崔颢、李白、岳飞、陆游等唐宋 13 位诗人画像及其咏黄鹤楼诗作。四层大厅是接待厅，用仿古雕花格扇和红木屏风间隔，布置得古色古香。五层大厅空间高敞，四周绘有大型壁画《江天浩瀚》，壁画共 10 幅，完整展现了万里长江的自然与人文风采。登顶黄鹤楼，三镇美景尽收眼底。尤其是向西眺望，近处涌动的人群，前方大桥上往来穿梭的车流和平静宽阔的江面，以及对岸威武的龟山和高耸的电视塔，构成一道动静合宜、层次丰富的景观轴线。

为了满足现代游览的需要，在重建黄鹤楼时，还以其为中心，将整个高观山规划成了黄鹤楼公园，公园分东西南北四个景区。

从司门口西大门到黄鹤楼为西区，是公园的核心景区，侧重于纪念重建名楼的壮举。建筑群沿山脊呈东西轴线布置。进入西大门，首先映入眼帘的是修建于元代的胜像宝塔。这是武汉仅存的喇嘛式白塔，用于供奉舍利和安藏佛教法物。塔高9.36米，座宽5.68米，采用外石内砖方式砌筑，因塔分地、水、火、风、空五轮，故也称"五轮塔"。由于宝塔的外形轮廓酷似灯笼，坊间有三国时诸葛亮在此燃灯为关羽水军导航的传说，曾被误封"孔明灯"的称号。塔座刻有精美的花纹和梵文；塔身内收外展，整体造型自下而上逐渐收缩，轮廓线条大体呈三角形；塔顶为合金材料制作。塔周围以石栏，原建有一座石牌坊，清末因新军修炮楼而遭拆毁。1955年修建武汉长江大桥时，胜像宝塔被拆迁至蛇山西部的京广铁路跨线桥旁。

图1-11　未拆移前的胜像宝塔
（来源：《中华（上海）》1938年第62期，原有配文：武昌黄鹤楼前之孔明灯，
面山环水，风景绝佳，不知日经日机屡行轰炸后，伊无恙乎？）

为了保护好文物并利于日后的复原，拆掘宝塔时工作人员作了详细绘图和摄影等科学记录，每拆下一块石头都作了层位及顺序的编号，用分层的平面图记录下来，并用纵剖面图把层位表示出来，搬到指定地点后再用铅丝、麻包、草绳分别包扎好，1957年又根据绘制的蓝图和照片进行复原。1984年，宝塔被迁至黄鹤楼公园中轴线上，是黄鹤楼公园里保存最古老、最完整的单体建筑，2013年入选第七批全国重点文物保护单位。

宝塔后方横跨"三楚一楼"牌坊，透过牌坊可以看到巍然耸立的黄鹤楼主楼。牌坊后方南北设凝翠、云衢二轩，用以隔绝外界噪音。主楼前台阶中轴线处安置一对5米多高的铜鹤，它们昂然立于龟、蛇之上，象征黄鹤归来；稍前两侧有两座相对而立的配亭——瞰川亭、揽虹亭，又称南亭、北亭，均呈八角正方形，重檐攒尖顶，上置宝瓶式顶刹，檐下施斗拱装饰。

从阅马场附近的南大门到主楼为南区，原为明楚王宫遗址，是典型的江南园林布局。它以鹅池为中心，四周环以新建的碑廊和复建的南楼、搁笔亭、涌月台、跨鹤亭等亭阁。鹅池旁立有"鹅"碑亭，相传"鹅"字为书圣王羲之手笔，但实为清人门镇国所书。池北为碑廊，分为古碑廊和诗碑廊两部分。古碑廊主要用于陈列遗存的历代黄鹤楼碑刻，诗碑廊则汇集众多当代书法名家的手笔，其中就包括毛主席的诗词《菩萨蛮·黄鹤楼》。高观山山顶的白云阁是南区的制高点，落成于1992年1月，坐北朝南，外观为塔楼式，重檐歇山顶，高达41.7米，较主楼仅低不到10米，成为统率公园东、南、北三区的标志性建筑。白云阁历史上曾是南楼的别称，其渊源可追溯至东晋，南宋时一度取代黄鹤楼的地位。如今，白云阁西南100米处另建有一高9.5米的"南楼"，以供嘉宾休息和聚会，歇山式顶，重檐飞角。

以白云阁为界，以北为北区，以梅园、杜鹃园、百松园等自然景观为主，西侧近黄鹤楼主楼处设吕仙洞、仙枣亭和费祎亭等与神话传说相关的景点；以东为东区——岳飞景区，围绕岳飞亭而建。岳飞亭位于岳飞铜像前，建于1937年卢沟桥事变之后，坐北朝南，木石结构，高6米，底径6米，六角攒尖顶，单檐外展，已于1983年成为武汉市文物保护单位。另外，在东区入口处还建有高大宏伟的岳飞功德坊，其与背后的春、秋、夏、冬四季牌坊构成一道靓丽的山顶游览风景线。在与南区接壤处，还建有一座三层仿木结构的落梅轩，名称源于李白的名句"黄鹤楼中吹玉笛，江城五月落梅花"。建筑极富特点，轩楼门庭与轩廊呈不对称形式，轩楼高大，轩廊长而宽。

1985年6月，黄鹤楼一经开放，立即引来如潮水般的市民，公园当年接待的游客数量就在267万人次以上，此后迅速成为外地游客来汉的首选打卡地之一。2007年，黄鹤楼公园被评为首批国家5A级景区。2020年国庆、中秋双节期间，黄鹤楼首次开放夜间游览，成为江城旅游的新亮点。

图 1-12　夜幕下的红楼、黄鹤楼、武汉长江大桥和龟山电视塔

武汉长江大桥

武汉长江大桥横跨于武昌蛇山和汉阳龟山间的江面上，是长江干流上的第一座特大型桥梁，被称为"万里长江第一桥"，是武汉市的标志性建筑。武汉长江大桥是苏联援华 156 项工程之一，于 1955 年 9 月动工，1957 年 10 月 15 日正式通车，为复线铁路、公路两用桥，下层铁路桥长 1315.20 米，上层公路桥长 1670.4 米。大桥从基底至公路桥面高 80 米，桥身为三联连续桥梁，每联 3 孔，共 8 墩 9 孔，每孔跨度为 128 米，桥下通航水位净空高 18 米，为常年巨轮航行无阻通道。

图 2-1　武汉长江大桥远景（刘建林摄于 2007 年）

武汉长江大桥的建成，标志着武汉三镇陆上连通的实现，串起了京汉、粤汉铁路，形成了中国第一条纵贯南北的铁路大动脉——京广铁路，不仅真正使武汉三镇连为一体，而且还极大便利了中国南北的经贸往来。

这一重大桥梁工程从最初设想到选址规划，直至最终开建，间隔时间长达半个世纪，其间经历一波三折，侧面折射出 20 世纪前半叶中国进步人士建设国家的艰辛与不易。而大桥的建设过程也并非一帆风顺，方案的更改过程也颇为惊心，好在最终结果圆满，首创的管柱钻孔法大大缩短了工期，创造了我国建桥史上的一个奇迹，揭开了世界桥梁建设史的新篇章。

一、大桥的选址规划历程

长江自古号为"天堑"，除太平军曾于 1852 年和 1853 年先后在武汉三镇搭过三座浮桥以外，6000 多公里的长江上从来没有一座真正的桥梁。光绪三十二年（1906 年），京汉铁路全线通车，粤汉铁路也在修建当中，湖广总督张之洞率先提出在武汉三镇建桥跨越长江，连通南北铁路。

1912 年 5 月，粤汉铁路会办詹天佑在进行粤汉铁路复勘定线过程中，也考虑将来粤汉与京汉铁路会跨江接轨，为武昌火车站规划预留了接轨出岔的位置。1913 年，在詹天佑的支持下，国立北京大学（今北京大学）工科德籍教授乔治·米勒带领夏昌炽、李文骥等 13 名土木门（系）毕业学生，来汉对长江大桥桥址展开了初步勘测和设计实习，并由时任北京大学校长的严复将建桥意向代陈国民政府交通部。这是武汉长江大桥的首次实际规划，当时提出的建议是将汉阳龟山和武昌蛇山之间的江面最狭处作为大桥桥址，经武昌汉阳门、宾阳门连接粤汉铁路，并设计出公路铁路两用桥的样式。此次规划虽未获实行，但其选址已被证明十分适宜，此后几次规划的选址基本与之相同。

1919年2月，孙中山在《建国方略》第二部分的"实业计划"中，提出在汉水入江口建设大桥或隧道以联络武昌、汉口、汉阳为一市的设想。1921年，北洋政府聘请美国桥梁专家约翰·华德尔为顾问，筹建京汉黄河大桥新桥时，也请其设计武汉长江大桥。其方案曾引起政府关注，拟定的桥址也做过实地钻探，但因建设费用巨大，只得无果而终。1923年，辛亥元勋孙武根据孙中山的规划思想，编制了《汉口市政建筑计划书》，进一步明确提出："以汉阳之大别山麓（龟山），武昌之黄鹄山麓（蛇山）为基，架设武汉大铁桥，可收平汉、粤汉、川汉三大铁路，连贯一气之完美。"1929年，武汉特别市政府市长刘文岛再次邀请华德尔来华，商讨长江建桥事宜。华德尔对其1921年的设计方案做出了修订，但建桥之事再因经费和战乱而不了了之。

1935年，为连通平（1928年6月，北京改名"北平"）汉、粤汉铁路，铁道部曾考虑仿照1933年建成的南京铁路轮渡，但因武汉地区长江水位涨落幅度较南京大一倍，两岸引桥工程较困难而无法实施。同年，茅以升领导的钱塘江大桥工程处来汉对武汉长江大桥桥址再度进行测量钻探，并与苏联驻华莫利纳德森工程顾问团合作，拟在武昌黄鹤楼遗址至汉阳莲花湖北刘家码头之间，构建一公路铁路联合桥，并积极募集资金，但仍无结果。

由于缺少横跨长江的大桥，当1936年粤汉铁路全线通车时，平汉、粤汉两条铁路线上的火车只能望江兴叹。无奈之下，国民政府于1937年3月，在长江南岸的粤汉铁路徐家棚站（后改称"武昌北站"）与北岸的平汉铁路刘家庙站（后改称"江岸站"）之间开通了铁路轮渡通航，火车乘渡轮过江从此成为江城一景。

武汉长江大桥（麦小朵绘）

武汉长江大桥桥头堡（麦小朵绘）

抗战胜利后，湖北省政府再提建桥之事。1946 年 8 月，湖北省政府邀请粤汉区、平汉区铁路管理局和中国桥梁公司，组织成立武汉大桥筹建委员会，由省政府主席万耀煌亲自挂帅，茅以升任总工程师，谋划在龟山、蛇山之间建造铁路、公路两用桥。当年，美国桥梁专家鲍曼和市政专家戈登先后来汉考察大桥桥址，但建桥计划再因战乱而搁置。

至新中国成立前夕，由于南北货物运输量剧增，同时轮渡易受天气影响，依靠轮渡中转的模式完全无法满足经济发展的需要。于是，自 1913 年起多次参与武汉长江大桥规划、勘探的李文骥，联合茅以升等一批科学家、工程师向中央人民政府上报《筹建武汉纪念桥建议书》，提议建设武汉长江大桥，作为"新民主主义革命成功的纪念建筑"，并详述此前四次规划的经过和受挫的原因，论述了建桥的可能性与具体工程内容、经费预算等。党和政府对此极为重视，1949 年 9 月 21—30 日，中国人民政治协商会议第一届全体会议通过建造长江大桥的议案。1949 年末，中央人民政府电邀李文骥、茅以升等桥梁专家赴京，共商建桥之事。1950 年春，中央人民政府作出了修建武汉长江大桥的决定。

二、大桥建设始末

1950 年 1 月，铁道部成立铁道桥梁委员会。同年 3 月，铁道部派出刚成立的武汉长江大桥测量钻探队和设计组，由中国桥梁专家茅以升任专家组组长，在武昌、汉阳约 6 平方公里的地区，开始进行河槽及两岸的地质勘察。专家组共计做了 8 个桥址线方案，并逐一进行缜密研究。

1952 年，武汉长江大桥设计事务所成立，以梅旸春为首，成立了测量钻探队；地质部也派出谷德振团队，在长江两岸奋战 8 个月，彻底查清了桥址地区的地质情况。选址方案通过之后，铁道路立即展开初步设计。

1953 年 2 月 18 日，毛泽东主席在武汉听取了中共中央中南局领导关于大桥勘测设计的汇报，并登蛇山黄鹤楼遗址考察了设想中的大桥桥址。4 月 1 日，周恩来总理批准成立武汉大桥局。5 月，武汉大桥工程局（今中铁大桥局集团的前身）成立，调集国内相当一部分桥梁技术力量，开始了武汉长江大桥的重要组成部分和准备步骤——汉水铁路桥的施工准备。7—9 月，铁道部代表团携武汉长江大桥的全部设计图纸和资料远赴莫斯科，请求苏联协助进行技术鉴定。苏联政府对此十分重视，指定了 25 位最优秀的桥梁专家组成鉴定委员会，对建桥方案提出改进建议。同年 11 月 27 日，汉水铁路桥动工兴建，两岸铁路联络线也同时开始，拉开了武汉长江大桥全面施工的序幕。1954 年 11 月 12 日，汉水铁路桥建成，1955 年 1 月 1 日正式通车。1954 年 10 月 30 日，汉水公路桥开工兴建，1955 年 12 月建成通车，并被命名为"江汉桥"。

1954 年 1 月 21 日，在周恩来主持召开的政务院 203 次会议上，讨论通过了《关于修建武汉长江大桥的决议》，决定采纳苏联的鉴定意见，批准武汉长江大桥的初步设计，正式任命彭敏为武汉大桥工程局局长，同时批准了 1958 年底铁路通车和 1959 年 8 月底公路通车的竣工期限。随后，周恩来又迅速批准了铁道部关于聘请苏联专家组来华支援的报告。1954 年 7 月，以康斯坦丁·谢尔盖维奇·西林（1913—1996 年）为首的苏联专家组一行 28 人陆续赶来。

因为当时正值长江遭遇历史上最大的洪水侵袭，所以西林只得取道南京来汉。在南京，西林见到了惊涛拍岸的长江洪水，震惊不已，当即否定了此前由中苏联合制定的一年只能施工 3 个月、且对施工人员健康杀伤很大的"气压沉箱法"，转而提出采用他当年在苏联军队缴获的德国桥梁工程师资料上看到的"管柱钻孔法"：将空心管柱打入河床岩面上，并在岩面上钻孔，在孔内灌注混凝土，使其牢牢插结在岩石内，然后再在上面修筑承台及墩身，"就像把一把筷子插在岩面上"。

这一方法不但能在水面施工，不受深水期的限制，能大大缩短工期，而且不影响工人身体健康。但当时这个新的施工方法在世界上并无先例，因此主持建桥事宜的彭敏同志立即组织了有双方工程技术人员参加的会议。中方人员虽然提出了许多问题和疑点，但抱有极大兴趣。不料与西林同来的几位苏联桥梁专家却提出相反意见，理由是：施工方案已经苏联国家鉴定委员会通过，没有必要大改动；其次，这种新方法谁也没干过，试验来不及。大桥局立即组织人员在岸上和江心进行了新旧多种方案的试验，证明新方案确实可行。

1955 年 1 月 15 日，武汉长江大桥桥址正式选定为龟山、蛇山一线。2 月，铁道部成立了武汉长江大桥技术顾问委员会，由茅以升任主任委员，其他委员包括罗英、陶述曾、李国豪、张维和梁思成等。5 月下旬至 6 月初，按管柱钻孔法编制出武汉长江大桥技术设计方案。9 月 1 日，

图 2-2　建设中的武汉长江大桥（唐浩供图）

图 2-3　1966 年 7 月 16 日（武汉第十届横渡长江活动）
最后一次在汉渡江的毛主席正在向游泳的群众挥手致意，远处为武汉长江大桥 （钱嗣杰摄）
（来源：长江日报传播研究院 . 影像老武汉 [M]. 武汉：武汉出版社，2016：247.）

武汉长江大桥提前正式开工建设，但苏方对管柱钻孔法的争论并未停止。

在争持不下之际，1955 年底，苏联政府派出以运输工程部部长哥热夫尼柯夫为首的代表团来华，名为参观长江大桥施工，实为审查西林的新方案，桥梁专家葛洛葛洛夫、金果连柯、沙格洛夫等一大批工程界权威也随团而来。西林知道后，内心很紧张，但仍强作笑脸地对老朋友彭敏说："我就准备接受审判吧。"好在十几天的"参观"后，西林的新方案得到了认可。管柱钻孔法令大桥的建设速度大大提高，大桥原计划四年零一个月完工，实际仅用两年零一个月，创造了我国建桥史上的一大奇迹。

1956 年 6 月，毛主席来武汉连续三次横渡长江后，写下了气势磅

图 2-4　大桥通车典礼（刘建林供图）

礴的诗作——《水调歌头·游泳》，其中"一桥飞架南北，天堑变通途"
一句至今仍广为传诵。

大桥竣工前夕，1957 年 9 月 6 日，毛主席第三次来到大桥工地视察，
从汉阳桥头步行至武昌桥头。25 日，大桥完工。10 月 15 日，正式通车
交付使用，5 万武汉市民参加了落成通车典礼。

武汉长江大桥打通了被长江隔断的京汉、粤汉铁路，形成了完整的
京广铁路，打通了南北交通的大动脉，为国民经济的发展注入了一针强
心剂；同时大桥与先期建成的江汉桥一起，将武汉三镇真正连为一体，
使"九省通衢"的武汉成为名副其实的中国内陆交通枢纽，改变了武汉
民众的出行和生活方式，在武汉人民心中烙下了深刻的印记，成为武汉

市最著名的城市地标之一。千方百计为新生儿女取名和"桥"字挨边，成为当时武汉户口登记处的一个常见现象。

自建成通车以来，武汉长江大桥虽历经 70 余次轮船撞击，但仍岿然不动。基础状况良好，桥墩墩身稳固，表面无裂纹，高程、位置亦无变化。1993 年 5 月 28 日，西林再次受邀登上大桥。参观后，他对随行人员说："武汉长江大桥设计一流、施工一流，养护也是一流的，大桥的寿命至少要延长 100 年。"1996 年西林去世后，他的墓碑背后镌刻上了武汉长江大桥的图案。在此之前，武汉市已经竖立了两座纪念碑，记载了西林等苏联专家的事迹，分别是 1957 年建成的武汉长江大桥建成纪念碑和 1959 年在大桥汉阳方向引桥处莲花湖畔竖立的五米大型管柱试验实物纪念碑。大桥状况一直较好，直到 2002 年 8 月才进行了首次大修。经中科院专家测评，大桥寿命至少在 100 年以上。2013 年，大桥成为第七批全国重点文物保护单位，作为共和国的不朽经典，受到了最高级别的文物保护。

图 2-5　武汉长江大桥 1950 年代航拍图（唐浩供图）

三、大桥的建筑艺术

大桥在规划阶段，中央就明确指出，长江大桥"不但应以现代化的技术解决国家巨大的经济课题，而且在建筑技术上还应以雄伟壮丽的外观标志中国的新时代"。为了在经济适用的同时追求美观大方，在大桥施工之前，武汉大桥工程局已从 1954 年 9 月开始在全国广泛征求大桥的美术设计方案。截至 1955 年 2 月，武汉大桥工程局先后收到 11 家单位的 25 个设计方案。

前 24 个方案基本可分为两种类型：一种是仿照欧洲古典城堡和凯旋门式建筑，照搬了一些苏联建筑形式，把桥头堡建得又高又大；另一种则是完全复古式。二者共同的缺点在于与长江大桥本身的结构极不协调，以及由施工困难所带来的造价高昂问题。

在一次政务会议上，周恩来当场拍板，采纳了由武汉大桥工程局设计事务所青年工程师唐寰澄设计的协调简易方案。其最大特点是以大桥本身的结构为主，引桥、桥头堡的建筑结构与大桥本身的结构协调一致；同时还兼顾了施工技术上的可行性和经济上的合理性，其造价仅相当于前 24 个方案均价的 1/13。这就是现在我们所见到的武汉长江大桥，体现了中华民族朴质端庄的性格，与两岸的龟蛇两山交相辉映，更显得庄严宏伟、和谐一致。

大桥横跨于蛇、龟两山之间。上层为公路，双向四车道，两侧有人行道，内缘设有钢筋混凝土结构防撞护栏，每隔 32 米矗立一对灯柱，兼作无轨电车供电线路支架；下层为复线铁路。全桥总长 1670 米，其中正桥 1156 米，西北岸引桥 303 米，东南岸引桥 211 米。两岸引桥的上层借用颐和园十七孔桥、河北赵州桥等的艺术手法和中式建筑元素，使引桥的高巍圆拱和正桥的米字形钢架相映成趣，不显得线条单调，满

图 2-6 唐寰澄手绘武汉长江大桥全桥鸟瞰图（唐寰澄长子唐浩供图）

足了实用、美观的功能需求。引桥上部使用汰石子粉刷，下部采用青灰色花岗岩饰面，色调一致。

正桥两端与引桥的连接处为钢筋混凝土结构的桥头堡，高约 35 米，给大桥增添了宏伟的气势。桥头堡外墙下部采用花岗岩镶面，上部用汰石子粉刷，与大桥整体相协调，过道及大厅均有大理石护壁，缸砖铺地。桥头堡从底层大厅至顶亭共 8 层，有电梯供人上下。在顶层的公路桥桥面两侧各设一对重檐四坡攒尖顶角亭，四方八角，上有重檐和红珠圆顶，极具民族风情。屋面、屋脊装饰曲线流畅，楼阁相当开敞。室外的大型阳台巧妙运用了佛教寺庙建筑中的莲花座元素，彰显出传统建筑的朴素之美。

正桥和引桥的护栏皆为蔚蓝灰色，与大桥上下的天、水颜色相协。

图 2-7　仰视武汉长江大桥桥头堡

从引桥走入正桥，护栏逐渐由厚重的砌块式结构渐变为通透的铸铁雕花结构，护栏的图案也由相同的几何抽象纹样转变为造型各异的具象纹样，呈现出由浅及深的秩序美。图案以花鸟鱼虫和符纹为主题，运用48种民族图案花样（如福禄万代、空谷幽兰、孔雀开屏、喜报三元、鸳鸯戏荷、燕报春晓、凤凰振羽、江城归雁、龟鹤齐龄和祥云等），用最具民族特色的镂空手法进行塑造，具有轻巧、穿透、古朴、生动的艺术特点，展现出蓬勃旺盛的生命力，成为江城的一道靓丽景观。正桥两侧护栏共290幅图案，每间隔约8米，依序排列48幅构图各异的铸铁装饰图案，按"48幅—49幅—48幅"的模式重复排列三次，取民间48（是发）、49（是久）、48（是发）的说法，象征国运的长久和发达。

　　位于武昌区一侧的武汉长江大桥建成纪念碑和观景平台，与大桥

图 1　福禄万代　　图 2　富贵枇杷　　图 3　多子多福　　图 3　空谷幽兰

图 5　黄冠玉英　　图 6　秋风梧桐　　图 7　月月春风　　图 8　瓜瓞绵绵

图 9　榴开百子　　图 10　必定长寿　　图 11　白头富贵　　图 12　华丽吉祥

图 2-8　武汉长江大桥部分铸铁镂空雕花栏板（唐浩摄）

一并落成，相互依偎。纪念碑高 6 米，正面镌"武汉长江大桥建成纪念碑"11 个鎏金大字，背面刻有毛主席诗句"一桥飞架南北，天堑变通途"，下方碑文近 1800 字，由书法名家王南舟书写，记载了大桥的早期规划经历和 20 世纪 50 年代的建设始末。观景平台则是游人赏长江、看大桥的最佳位置之一，能清楚地看到火车通过大桥。

武汉长江大桥是现实主义和浪漫主义完美结合的典范。大桥的艺术

图 2-9　站在蛇山上远眺黄鹤楼和武汉长江大桥（左侧为红楼—首义广场一线）

形象被广泛运用到了邮票、明信片、人民币和毛主席像章上，也常被用于商标、年画、插图、工艺品和旅游纪念品等。如 1957 年国庆节，邮电部发行了《武汉长江大桥》纪念邮票，全套两枚。同年，长江文艺出版社发行了一套《万里长江第一桥》明信片，共 10 张。1964 年，中国人民银行发行了第三套人民币，其中的贰角纸币的正面图案为墨绿色调的武汉长江大桥。1967—1976 年间，全国各地发行了多种以武汉长江大桥为背景的毛主席像章，其中以毛主席挥手和畅游长江的像章最为经典。

　　如今的武汉长江大桥，似飞虹驾临长江，串联起两岸的晴川阁、龟山、莲花湖、龟山电视塔、古琴台和蛇山、黄鹤楼、首义公园、彭刘杨路等建筑或建筑群，犹如枝干将分散的花朵连为一体，构成一幅宏大连绵、动静交融的景点群。尤其是随着 20 世纪 80 年代黄鹤楼的重建，令车来人往的武汉长江大桥与静静矗立的黄鹤楼形成动线与静点的呼应，形成了对比、调和、统一的关系。游人登临黄鹤楼，远眺灵动的大桥和宽广的大江，映入眼帘的是"林断山更续，洲尽江复开"的画面，顿生"寂寥天地暮，心与广川闲"的意境，从而有舒适、恬静的精神享受。

武汉大学早期建筑群

一、武汉大学的选址规划和设计建造

武汉大学早期建筑群坐落于湖光山色、风景如画的珞珈山，建筑风格中西合璧、布局开敞、山水相接、轴线明晰、设计精巧，堪称中国近代大学校园建筑的典范，已于2001年被评为第五批全国重点文物保护单位，共计15处建筑，其中13处建于20世纪30年代学校初创时期，分别是男生寄宿舍、学生饭厅及俱乐部、图书馆、法学院、文学院、理学院、十八栋（包括周恩来故居、郭沫若故居）、国立武汉大学牌坊、半山庐、工学院、宋卿体育馆、华中水工试验所，最能体现出校舍选址的得当、规划布局的科学合理以及建筑风格的独特。

武汉大学历史悠久，可上溯至1893年张之洞创办的自强学堂，1902年更名"方言学堂"，迁址武昌东厂口，1913年北洋政府以此为基础筹建了"国立武昌高等师范学校"，此后又于1923年、1924年先后更名"国立武昌师范大学""国立武昌大学"。1927年2月20日，由国立武昌大学和国立武昌商科大学等六校合并而建立的国立武昌中山大学举行开学典礼，但于当年12月24日即被盘踞武汉的新桂系军阀解散。1928年7月，在蔡元培的倡导下，南京国民政府大学院决定彻底改组国立武昌中山大学，筹建国立武汉大学，1927 年 10 月 31 日，国立武汉大学正式开学上课。

随着校园等级的提升和学生的扩招，原国立武昌中山大学位于武昌东厂口（阅马场附近）的狭窄校园不堪使用。蔡元培遂于 1928 年 8 月 6 日与李四光、叶雅各、王星拱、石瑛、张难先、麦焕章等人组成国立武汉大学新校舍建筑设备委员会（以下简称建委会）。

武汉大学新校舍的选址可谓一波三折。1928 年 7 月，李四光选址武昌东郊的洪山。稍后，林学家叶雅各认为武昌东湖一带更为适宜，并得到李四光的首肯。1928 年 11 月，受命设计武汉新校园的美国建筑师凯尔斯乘飞机直飞武汉，借机鸟瞰珞珈山全景，看中了珞珈山背面的丘陵地带。第二天，凯尔斯又登珞珈山查看，提出了以珞珈山北麓狮子山为主要校舍建筑中心，各院系教学楼分别建于各小山之上的想法。很快，他的建议被建委会采纳。随后，凯尔斯迅速开始了规划设计工作，并邀请了一批外国专家，协同解决结构设计问题。

在此期间，监造工程师缪恩钊先生带队于 1929 年 3 月 18 日开始新校舍的测量绘图工作，历时五个月完成。此后，建委会开始了艰难的土地征收工作。由于当地土著居民的阻挠，征收工作进行得很不顺利，至 1929 年 11 月 21 日才签订了第一份地契，最后一份地契的签订更是延宕到了 1937 年 9 月，买地的进程直接影响到武大校园的建设。1932 年底，买地进程几乎停断，这也在很大程度上造成了新校舍建设在 1932 年前后陷入近两年的停断。

另外，当时从武昌城到珞珈山没有公路。为方便运送建筑器材和物资，1929 年 10 月，工程中标的协和公司开始修建由街口头（即街道口）往北通向珞珈山、狮子山的道路。在修路期间，还发生了迁坟风波，工程一度停滞，延期至 1930 年 1 月才完工。

1929 年底，武大新校舍第一期建筑的设计详图完成，武汉大学开始在本埠和上海招标，这在当时的建筑营造业获得了热烈反响。面对本埠和芜湖、上海多家营造厂的激烈竞争，在武汉三镇最负盛名的汉协盛营造厂以极低的价格，成功中标了大部分工程。

武大新校舍第一期工程于 1930 年 3 月开始动工。当时工地没有电源，无法使用机械，汉协盛的工人不得不采取人工搅拌、人力肩挑背驮上脚手架，用绞车及葫芦等手工设备解决施工中的问题；水的供给也相当困难，工人只能从山下水塘挑水。此外，因工程为第一期，沈祝三先生的汉协盛营造厂还要首先完成开山、平基和修路等基础工作，且当时正值世界经济危机，原材料价格大幅上涨，加之标价过低，汉协盛只得倒贴承建。面对重重困难，汉协盛仍于 1931 年 11 月如期交付所有承包建筑，并按照当初约定，赠送武大一座价值 3 万元的自来水塔，其自身则承受 40 万元以上的亏损，从此没落。武大建委会有感于汉协盛的牺牲与困难，最终在本校经费也十分紧张的情况下，补偿其修建水塔所耗费用，表示感谢与体谅。

第一期工程完成后，1932 年 3 月全校师生由东厂口迁往珞珈山上课。1933 年 8 月，狮子山山顶的图书馆工程开工，二期工程全面开启。在第一期工程中亏损严重的汉协盛营造厂放弃投标，二期工程主要由上海六合建筑公司、汉口袁瑞泰营造厂承建。工程进展比较迅速，大部分工程于 1936 年之前完成，1937 年 3 月开建的农学院则因抗战爆发而被迫停工。

在武汉大学新校舍兴建的时代，正值 20 世纪中国第一波传统建筑复兴的浪潮袭来。"中国固有之形式"建筑"本诸欧美科学之原则"、保存"吾国美术之优点"，是西方物质与中国精神结合的文化折中主义思想在建筑领域的反映。在那个特定的时代背景下，美国建筑师凯尔斯的设计表现出的首要特征自然也需要是中国民族的元素，具体表现在屋顶以及建筑细部对中国元素不同方式的运用上。并且，凯尔斯受过美国正统鲍扎建筑教育的构图训练，在进行建筑设计时能够熟练运用轴线、对称性以及秩序性等组合法则，而值得注意的是，这些法则也正是中国传统建筑所强调的。对中国建筑思潮的准确把握和自身早期所受训练与中国传统建筑理念的契合，最终令凯尔斯设计的武汉大学早期建筑群拥有了中国园林式的审美效果。

不过有所区别的是，在中国传统建筑观念中，建筑与山体的关系是以山为靠的；而将建筑放在山顶烘托气势，则是西方山地建筑常用的做法，如雅典卫城。深受西方古典建筑理念影响的凯尔斯，在进行总体设计时，即充分利用狮子山，依山体南坡建造男生宿舍，借山势烘托气势，于是就有了后来男生宿舍布达拉宫般的宏伟气势。而有趣的是，当时武大建委会成员有着浓厚的留学英美背景，其总体建设目标是"以宏伟、坚牢、适用为原则，不求华美"，凯尔斯对于"宏伟"意向的追求恰好符合建委会的要求。由此联想到后来十八栋的典型英式建筑风格，似乎可以说明，武大建委会并未对武大建筑有必须采用中式风格的明确严格要求。正是在这种宽松的环境下，凯尔斯融东西方古典建筑风格与元素于一炉，并积极引用新材料与新技术，打造了这一立体感丰富而又强烈、建筑风格兼具东西而又不受既有形式限制的学校建筑群落，成为中国近代建筑史上的一座里程碑。

二、国立武汉大学牌坊

国立武汉大学牌坊位于距学校正门约 1 公里的劝业场尽头，可算作民国时期武汉大学的一个路标。1930 年前后，为便于运送建筑材料，修建了一条由街道口通往狮子山的公路，王世杰校长为了标示武大所在

武汉大学牌坊（麦小朵绘）

图 3-1　建于 1931 年的国立武汉大学校门木牌坊

的位置，遂在公路起点修建了这个起指示作用的牌坊。

最早的民国牌坊是木制的，建于 1931 年，由缪恩钊、沈中清设计，仿北方牌坊式样，四柱三间歇山式结构，琉璃瓦顶，略施斗拱，油漆彩绘，古朴大方。但木制的牌坊毕竟不够牢固，次年即毁于风灾。1934年，武大又在原址重建了一座钢筋混凝土牌坊，仍由缪恩钊、沈中清设计。新牌坊设计简洁明快：四根八棱圆柱，表示喜迎来自四面八方的莘莘学子；柱头云纹直冲云霄，颇有皇家风度，所覆孔雀蓝琉璃瓦顶，也仅次于皇家的金黄色；背面用小篆书写"文法理工农医"六字，由武大中文系首任系主任刘赜手书；正面居中书写了端庄雄伟的"国立武汉大学"六个颜体大字。

图 3-2　国立武汉大学牌坊今貌

图 3-3　牌坊背面写着"文法理工农医"

三、宋卿体育馆

穿过国立武汉大学牌坊直行约 1 公里，就可以看到武大 2013 版新牌坊，经过新牌坊，直行爬坡数百米，至人工湖处左拐上行，行至半山腰处就可以看到一个坐东朝西的半圆形、覆盖绿色琉璃瓦的古朴建筑，这就是武大赫赫有名的宋卿体育馆，从它的捐资定名到设计施工，再到此后围绕这个建筑发生的诸多故事，都注定了其不凡的身份地位。

"宋卿"是首义功臣、民国大总统黎元洪先生的字。黎元洪（1864—1928 年）虽出身行伍，但颇关心教育，屡有捐资助学之举。早在民国元年，他就曾联合部分湖北名士，发起创办武汉大学以纪念共和首义的倡言，但碍于复杂多变的时局而未能如愿。1921 年，他转而筹办"江汉大学"，筹款十万元，购买了当时中兴煤矿公司的股票一千股作为基金，用作日后办学之用，但可惜直至其去世江汉大学仍未能兴办。

1934 年 3 月 16 日，正当继任的王星拱校长为了武大新校舍第二期工程的筹款问题而奔走呼号之际，黎元洪远在天津的两个儿子黎绍基和

图 3-4 宋卿体育馆（刘建林摄）

黎绍业先生联名致函武大，表示愿意将其父生前为筹办江汉大学购买的十万元股票基金转捐给武汉大学，以慰藉父亲的心愿，并请求告知这笔捐款的用途和保管方法。王星拱校长喜出望外，立即回信，说明要将这笔捐款用来建造体育馆，"颜其额曰'宋卿体育馆'"，并表示要在体育馆内单独开辟一部分用作"宋卿前大总统纪念堂"，用来保存辛亥革命首义文献，黎氏兄弟欣然应允。

不过，在此之后，黎总统家人多次与武大交涉，请求将黎元洪遗体安葬珞珈山，这也是笃信"风水"的黎总统的遗愿。但武大早已在1932年3月18日就作出了校园界内不得再建新坟的决议，校方对于黎家的这一要求只能屡次委婉拒绝。

到了1935年，国民政府拟定于11月24日在武昌为黎总统举行隆重的国葬仪式。在此之前，黎家趁机再度与武大交涉。他们这次有备而来，已探知武大早有建总办公楼之意且已完成设计方案，但苦无经费支持，遂以捐资建造行政大楼为饵。但坚持原则的王星拱校长，权衡之后毅然忍痛放弃行政大楼，婉拒了黎家的这一请求。黎总统的遗愿最终未能如愿，家人只能将其遗骸归葬珞珈山南麓的卓刀泉土公山。

在得到黎氏兄弟的捐赠之后，武汉大学马上授意凯尔斯展开设计。崇尚轴线秩序的凯尔斯针对珞珈山的丘陵地形和校园布局在一期建设期间的些许变化，适当西移了体育馆的位置，使其处于校园中轴线的西端，从而使原本有些模糊的校园东西轴线变得清晰起来。随着体育馆规划地位的升高，其设计力度也大为提升，甚至在很大程度上导致了1935年3月宋卿体育馆第一次招标因标价过高而被废止。于是建委会只得请凯尔斯修改设计方案，这样才在1935年9月的第二次招标中由凯尔斯推荐的上海方瑞记营造厂中标承造。原本工程都已进入施工阶段，不想方瑞记老板因失恋而自杀，工程因此延宕将近一年时间，校方不得不另请上海六合建筑公司承建，但六合不满标价，校方只得加价。经历一番周折，直到1936年7月，体育馆才正式动工。不过，好在此时珞珈山已经接通水电，可以使用大型机械，凯尔斯又采用了20世纪30年代新兴的砖（石）钢筋混凝土结构，所以体育馆建设速度较快，至1937年初即已完成主体工程。

建成的宋卿体育馆达到了外表艺术性与内部功能性的统一。半圆的三重檐歇山顶古朴建筑之内，包裹着的是由当时国际上最先进的三绞拱钢架结构带来的跨度达到22.6米的超大空间。馆分上下两层，上层为小型观赛看台，也可作对外观景台；下层为室内篮球场，可进行各项球类比赛及教学、文娱活动。另有地下一层，设有健身房。按照凯尔斯的设计，还应在体育馆外部的东西各设一喷泉和游泳池，但这两个附属建筑连同王星拱校长答应黎家的"宋卿前大总统纪念堂"，都随抗战爆发而中止了。

1937年秋季开学，宋卿体育馆正式投入使用，但仅使用了一个学期，武大师生即因日寇进逼而西迁乐山。1938年3月29日至4月1日，国民党临时全国代表大会在珞珈山举行，策定抗战建国的大政方针，宋卿体育馆就是其中一个重要的分会场。稍后，宋卿体育馆还成为珞珈山军官训练团的一个受训场地，蒋介石曾在此对参训军官进行点名训话。1938年10月25日，武汉沦陷，武大成为侵华日军的中原司令部，宋卿体育馆沦为日军军官俱乐部。1947年"六一惨案"之际，宋卿体育馆曾被用作三位遇难同学的灵堂，并于6月22日举行了盛大的追悼会。

四、男生寄宿舍

离开宋卿体育馆，回到原路继续爬坡百余步，即有一组雄伟壮阔的宫殿式建筑映入眼帘。这就是俗称"老斋舍"的男生寄宿舍，另外，因其下方沿路种植樱花，每到樱花盛开时节，远望如同樱花丛簇拥着的一座城堡，故而得到一个更响亮的名字——樱花城堡。

男生寄宿舍是武汉新校舍第一期工程的头面工程，由凯尔斯设计，汉协盛营造厂承建，1930 年 3 月开工，1931 年 9 月竣工。

凯尔斯在设计时，为令学生充分享受阳光，将宿舍布置在狮子山南坡，从而舍弃了狮子山北坡的观湖视野。不过，凯尔斯对此也有弥补之法，他将原本海拔 65 米的狮子山削低了 10 米，打造出一块平整土地，又将四个宿舍的屋顶高度与山顶台基取平，这样就保证了日后修建的图书馆前拥有足够活动的开阔广场，而学生们站在这个大平台上，不但可以向南远眺珞珈山，而且向北眺望也能尽收东湖美景。

男生寄宿舍布局别具一格，从一层到四层，虽各个楼层的基座高度随山势而逐层递增，但都在屋顶找平，借助山势构成气势磅礴的立面效果。房间数量自一层到四层依次递增：一层房间最少，呈"一"字形排开，二层房间呈"口"字状围合，三层为"日"字，四层也为"日"字，但沿山势北拓，最南边一排不设房间，通向开敞的三楼平屋顶。这里也被学生作为晒台使用。凯尔斯将这一"天平地不平"的设计手法运用到了多处武大早期建筑中，从而巧妙克服了山势起伏、各楼层基址不在同一高度的问题，使建筑融入自然，并充分借助山势张大立面效果。此外，凯尔斯还设计了三个罗马券拱形大门（为铭记"六一"惨案死难的陈如丰、王志德、黄鸣岗三位进步学生，武大将三座大门由东往西分别命名为"如丰门""志德门"和"鸣岗门"，并将当年死难学生留下的血迹处按原状涂红），从而令四栋相对独立的宿舍建筑紧密地联系为一个整体，还在三个大门之上加盖一层中式歇山顶亭楼，既美观又更增高势。

图 3-5 20 世纪 30 年代国立武汉大学一期工程完工之后的狮子山建筑群
（前方山坡处为男生寄宿舍，山顶右后方为法学院，左后方为学生饭厅及俱乐部）

　　试想学生或参观者，站在狮子山下，目光沿着依山而建的 108 级台阶（现为 95 级，底层部分因路面加宽而被抬升的路基所淹没）徐徐上行，慢慢注视如此庞大高耸、占满山坡的建筑群落，加之三个巨大券门上还配以飞檐绿瓦的飘逸亭楼，四个单元宿舍百千窗户所映射的阳光，确实不免令人产生"布达拉宫"式的感觉。稍后，随着狮子山顶图书馆的修造，学生和游人又可通过与其在同一轴线的中间拱门完整地欣赏图书馆的美景，实在令人赞叹这个完美借鉴了中国传统建筑的借景与框景手法的美国建筑师。

　　除其宏伟华丽的外表，内部设计更堪称科学精妙。在主体采用砖混结构的情况下，宿舍内部采用钢筋混凝土屋架，既增加了空间分割的灵活性，方便以后空间的改建，同时也减少了承重砖墙的用量，节约营造成本。

男生寄宿舍的四个单元各分四斋，共十六斋，按照《千字文》"天地玄（元）黄宇宙洪荒日月盈昃辰宿列张"的顺序命名。每栋宿舍由两个大天井将宿舍分为前、中、后三排，每个天井都环绕走廊，形成具有强烈围合感的院落空间和廊道空间，从而利用内庭院的中厅热压效应进行自然通风采光。

1938年4月，武大师生西迁乐山，国民党开办珞珈山军官训练团，男生寄宿舍被用作国民党军常委会军官训练团的宿舍。当年10月底，日军占领武汉，以珞珈山为司令部，男生寄宿舍被用作住院部。1939年春，日军换防，珞珈山成为办理后勤的场所，驻军随之减少。于是，负责留守护校的汤子炳（又名汤商皓，曾留学日本并娶日本妻子）等五名武大教职工趁机前来与驻扎的日军联队长交涉，要求保护校园内的一切设施。负责接待的高桥少将表示会尽力保护这个风景优美的校园，同时认为校园还缺少花木点缀，要从日本移栽樱花树。汤子炳不敢违抗，于是提出可同时种植中国人喜欢的梅花，但遭到拒绝。

很快，日军从日本运来了28株樱花树，均匀植于男生寄宿舍楼前。日本人当时种植樱花的目的，一是为了缓解住在这里疗养的日本伤兵的思乡之情，二是为了炫耀其武力强大，妄图长期占领。在那个特殊的时代种下的这28株樱花树，确实成为中国国耻的象征，所以在武大师生复员珞珈山之后，一直有要砍伐樱花树的声音，不过好在主张保留的意见始终占据了上风。如今男生寄宿舍前的樱花大道，仍是武大最佳的赏樱地点，每年阳春三月，雪白的樱花与灰墙绿瓦的樱花城堡相映成景，成为武大校园内最具特色的景观园区，也成为武汉市的一张耀眼的名片。

五、图书馆

自男生寄宿舍中间的"志德门"拾级而上，就来到了武大的标志性建筑——图书馆。这座神似戴了一顶皇冠的中国宫殿式建筑，有如"新世界的卫城"，威武庄严地矗立在武大校园核心区的狮子山巅的中心位置，背对东湖，南向珞珈山，通过其广泛的视野可达性，成为统摄整个校园的精神核心。

图书馆由上海六合建筑公司承建，从 1933 年 8 月开始平定地基，至 1935 年 9 月落成。设计师仍然是凯尔斯。他接手武汉大学珞珈山新校舍的建筑规划设计工作后，曾不辞辛劳地考察了校园范围内的落驾山（后改"珞珈山"）、狮子山、团山、火石山、笔架山、小龟山、乌鱼岭、扁扁山、侧船山、廖家山等十几座大小不等的山头，结合武大建委会"以宏伟、坚牢、适用为原则，不求华美"的总体建设目标，最终选择了海拔适宜，最有利于通过建筑布局凸显"宏伟"气魄的狮子山作为校园核心区。其原因，一则在于狮子山的高度所带来的视野统摄作用，二则在于其高度恰好能使男生寄宿舍铺满山南坡，以便达到与位于狮子山山顶的建筑群落融为一体的视觉效果，更增其宏伟气势。

而位于狮子山顶部中心的图书馆，作为狮子山建筑群乃至整个珞珈山新校舍的核心主体建筑，其设计自然令凯尔斯绞尽脑汁，而其建造要求也必然是精益求精的，其间颇有些曲折有趣的小故事。诸如凯尔斯"中西合璧"的建造理念及其精妙设计，他未能全部付诸实践的早期设计方案，以及他在设计中的不合理之处被施工单位的负责人指正与随后施工单位的错误被校方工程监督人所指正，这一系列小故事都显示了设计师、施工单位和校方的高超技艺和精益求精的严谨态度，三方人物都对这座武大的标志性建筑倾注了心力。

武汉大学图书馆（麦小朵绘）

首先，图书馆覆盖了六座高低、大小、形态各异的中式屋顶，其中最高的屋顶更是采用了别具一格的八角垂檐、单檐双歇山式。这种形式的屋顶自 1884 年黄鹤楼毁于火灾之后就不太常见了，可能是从黄鹤楼老照片上获取的灵感；并且屋顶正脊正中还竖立着一个七环宝鼎（兼具排气功能），这在中国古建筑中也颇为罕见，可能借鉴自厦门南普陀寺大悲殿的屋顶造型，可见凯尔斯对中式屋顶的研究颇为深入。此外，屋顶还设有采暖烟囱，被装饰为通灵宝塔状；屋顶南面的两个角还立有粗大的隅石，北屋角立有小塔；屋顶左右的勾阑和中央的双龙吻脊形成了"围脊"之效；前部两座副楼的歇山顶屋脊与大阅览室相连，被称为"歇山连脊"，屋顶皆覆盖孔雀蓝琉璃瓦；在屋脊、环廊、檐部等处也都设置了蟠龙、云纹、斗拱和仙人走兽等传统色彩十分浓郁的精美装饰，其中最令人惊喜的是：中国传统建筑装饰文化中檐角的"仙人骑鸡"，被改造成了"背书卷的仙人骑马"这样令人莞尔的装饰构件；在正门上方更是镶嵌了老子（中国图书馆的祖师爷）的全身镂空铁画像，两侧尚有云纹青灯图案，寓意"青灯伴书卷"；铁画像上方的云纹牌匾内，用篆字镌刻古朴厚重的"图书馆"三字。从外观上看，图书馆是一座美轮美奂的标准中式宫殿。

不过，与武大其他早期"中西合璧"建筑相同，虽然图书馆的外观是很经典的中国传统宫殿的样貌，但其内部结构及构件则采用了西方的先进设计理念与建筑技术。比如：在结构技术上，图书馆采用了当时最先进的钢筋混凝土和组合式钢桁架结构来承重，其中钢桁架所带来的跨度高达 18 米，极大拓展了图书馆的内部使用空间；建筑的下半部分设置四对西式双联廊柱子，托起了前面两座中式歇山顶的副楼，其细节又采用了罗马柱、石拱门等西式构件；图书馆侧后的大屋顶下是西式的吊脚楼，内部也采用了西式的回廊、石拱门、旋转楼梯、落地玻璃等，这

图 3-6　建设中的图书馆

些西式构件与中式屋顶上的飞檐、蓝色玻璃瓦、门楣及玻璃窗衔接处的回形木格装饰形成了强烈的对比，充分体现了"中西合璧"的建筑风格。

　　此外，善于利用空间的凯尔斯，在削平狮子山顶的同时，还将图书馆的位置后移，在图书馆后部设置基柱承托，依靠环廊与地面相接，不仅增加了图书馆前的广场面积，还更凸显了图书馆背面的宏伟气势。

　　其次，略有些可惜的是，虽然武大校方很尊重凯尔斯的设计方案，但在实际操作过程中往往受限于经费的不足，而令凯尔斯对其设计方案作出调整，作为武大新校舍精神核心的图书馆也没有逃脱这一命运。在凯尔斯的最初设计中，图书馆是一主二从的三座建筑，中央主楼为攒尖式屋顶，两侧副楼则采用歇山顶，但最终被合并为由一座主楼和前后两

图 3-7　图书馆今貌

翼四座副楼组成的工字形单体建筑。不过这倒是多少成就了后来主楼的"八角重檐"和副楼与阅览室连接处的"歇山连脊",也算达到了一个意外的良好效果。

由于采用了先进的建筑工艺,图书馆一楼中部的阅览大厅宽敞高大,层高达 9.6 米,与欧洲 19 世纪早期大厅式图书馆的格局颇为相似,可同时容纳 240 余人阅览和借阅。1947 年"六一"惨案之后的第一个夜晚,武大学子为防反动军警再度来袭,集体到图书馆歇宿。此外,一楼阅览大厅的宽敞空间和良好通风效果能在炎炎夏日为莘莘学子带来难得的凉爽感受。可以想象,在没有空调的年代,每年夏季图书馆大厅座无虚席的场景。另外,一楼阅览室木地板下方还埋有取暖道,严寒时节,烧上烤火炉,热气进入取暖道,使地板发热,阅览室内便会温暖如春。

武汉大学图书馆不仅是全校师生的知识殿堂和精神象征，而且是来校各界名流的必到之处，蔡元培、胡适、陈独秀、董必武、周恩来、郭沫若、朱德、罗荣桓等政要都曾登临此楼，一览珞珈风光。

图书馆在政治上最辉煌的时刻，当是在 1938 年的 3 月 29 日到 4 月 1 日，在这四个夜晚，图书馆成为国民党临时全国代表大会的主会场。在高大恢宏的阅览大厅里，国共两党讨论通过了设立国民参政会、确立国民党总裁制等对中国历史产生深远影响的决议；还通过了《抗战建国纲领》，对中国抗战做出了总体上的战略部署。大会见证了国共两党在国难面前，摒弃十年内战的恩怨，共同抗日，预示了抗战胜利的光明前景。

1938 年 10 月底，武汉沦陷后，珞珈山成为日军的中原司令部，图书馆也一度沦为日军中原司令部驻地，屋顶还被加建了四个瞭望塔。

随着时间的积淀，武大图书馆变成了珞珈学子口中的"老图"，去老图大厅自习甚至演变成了很多武大学生心目中神圣的必经程序。2013 年，为迎接武大 120 周年校庆，修缮后的老图被置换为校史馆对外开放，而武大最高规格的学术讲座——珞珈讲坛仍以老图为专属场地，老图依旧是武大校园的精神核心和武大师生心目中最神圣的学术殿堂。

六、文学院和法学院

图书馆坐北朝南，如宫殿般矗立在狮子山巅的中心位置，其左右分别是文学院和法学院，如青龙、白虎般侍立两侧。从外观上看，左边文学院屋角出挑上翘，右边法学院屋角紧凑平缓，也颇合青龙砂俊秀、白虎砂圆润的风水要求。不过很可惜，它们的设计师凯尔斯是正宗的美国绅士，借鉴中国传统的民族建筑样式是他需要考虑的，中国的风水学说

图 3-8 狮子山建筑群今貌

（从图中可以清晰地看到图书馆左右两侧文、法学院檐角的翘起与平直）

则并不在其考虑范围之内。

从凯尔斯的早期设计图纸来看，图书馆旁边的两栋大楼起初都设置为文学院，两者的立面设计也基本一致，都是带有天井的口字形中式屋顶大楼，是一对标准的姊妹楼，并不存在"左文右武"的功能设计，其屋角的设计也是同样起翘平缓的北方官式建筑风格，这也符合 20 世纪 30 年代的建筑风潮。

当时，来华参与"中国固有之形式"运动的外国建筑师们对于中国南北建筑风格已经达成了普遍的共识，即倾向于"更紧缩"的北方风格，而非繁复的南方样式；另外，就发生在以南京、上海为核心的"中国固有之形式"运动的实际情况来看，当时在这两座大城市兴建的众多复古的"固有形式"大屋顶建筑，多数采用了与当地原有南方建筑迥然不同的北方官式建筑风格。但为何武汉大学文学院的屋角会是出挑较远且上翘的南方建筑风格呢？

文学院于 1930 年 4 月开工，1931 年 9 月竣工；法学院则在 1935 年 8 月开工，1936 年 8 月竣工。两者是在不同的时间建造的，承建单位的不同和建筑师身体状况的不同可能导致了两者屋角在外观上的巨大差异。

原来，正当珞珈山校舍一期工程如火如荼地进行之际，凯尔斯积劳成疾，只得在上海卧床休养，无法到现场查看，直至 1932 年初，他听闻武大全体迁居新校舍，才扶病而来。在此期间，承建文学院工程的是在武汉三镇最负盛名的汉协盛营造厂，其建造风格一贯为南方式样，这从稍后由其承建的汉口商业储蓄银行大楼上也能得到充分的体现。汉口商业储蓄银行大楼建于 1933 年至 1934 年之间，由充分参与"中国固有之形式"运动的上海建筑师陈念慈设计，屋顶设计自然是平直简化的北方屋顶，但最终大楼被汉协盛打造出了浓郁的江南建筑风格：屋角上翘、两侧屋檐升起。汉协盛承建的所有建筑的屋角都采用了上翘的南方建筑式样，不独文学院，还有学生饭厅及俱乐部、理学院和男生寄宿舍。

文、法学院如青龙、白虎般拱卫着图书馆，为了映衬图书馆的雄伟庄严，二者都取消了斗拱形象，但仍以圆柱和简化的额枋连接中式屋顶与西式墙身，这体现出了凯尔斯较其余教会大学建筑师的高明之处。他不再采用中西生硬拼贴的方式，而是认识到了中国建筑檐下过渡部位的美学意义，而这也带来了意想不到的表达效果：二者的中式屋顶及过渡层与西式墙身主体在整体视觉感受上接近中国传统建筑屋顶与墙身之间 1：1 的比例，形成了不偏离中国古典建筑整体韵味的中西合璧建筑风格。

二者略有不同的是，文学院大楼平面呈口字形，并利用四合院中的地面空间加设了一间大教室，而法学院则在四四方方的主体部分北面又加建了两层楼的大教室，使其平面大体呈凸字形。当然，最大的不同还是在于二者屋顶的上翘与平缓。在二期工程中，上海六合建筑公司起初又要按照南方风格建造图书馆屋顶，但很快就被凯尔斯发现并坚决要求更改，有了凯尔斯的格外留心，在之后的法学院建设中，南方风格的繁复屋角已不可能再出现。而由此形成的翘而尖的南方式飞檐与平而缓的北方式飞檐的遥相呼应却演绎出了后人对此"左文右武"的误读与趣谈，这也可算作中国近代建筑史上的一段佳话了。

在沦陷时期，两座大楼都曾被用作日军中原司令部文职人员的办公场所。如今，当年的文学院大楼已演变为数学与统计学院办公场所，法学院大楼则为质量发展战略研究院办公场所。

七、学生饭厅及俱乐部

学生饭厅及俱乐部位于狮子山建筑群的最西端，左边紧邻法学院，1930 年 8 月动工，1931 年 9 月竣工，由凯尔斯设计，汉协盛营造厂承建。

建筑外观呈矩形，内部则分为上下两层，下层是饭厅，在锅炉房的背后，还供奉着一尊灶神，专门设有神龛；上层是学生俱乐部和临时大礼堂，为增强和改善其视野、光线和活动空间，在传统的歇山顶上又增设了两层亮窗和马头墙屋面，形成独具特色的三重檐式歇山顶。

学生饭厅的内部装饰极富民族特色，室内房梁上雕刻"宝葫芦插三戟"的图案，称为"连升三戟"，意即祝福武大学子"连升三级"；房梁角的木纹上雕刻有"蝠在眼前"图，蝙蝠睁大眼睛，看着下巴前的铜钱，象征"福在眼前"。

依照欧美学校传统，学生饭厅往往承担着聚会功能，所以武大学生饭厅的二层也承办新学年开学、校长讲话、名人讲座及颁奖典礼等聚

图 3-9　民国时期的学生饭厅及俱乐部

会事宜。在二十世纪三四十年代，蔡培元、李四光、胡适、李济、蒋介石、汪精卫、陈立夫、李宗仁、罗家伦、司徒雷登、张君劢等中外学界和政界名人也都曾先后在此演讲、作学术报告。如抗日战争初期，董必武、周恩来等曾在此宣讲，号召青年学生到前线参加抗战。由于在学生饭厅上层频繁举行各种高规格的演讲和报告活动，遂使其成为实际上的学校大礼堂，而凯尔斯规划设计的大礼堂也就变得不甚急于建造，最终拖延至抗战爆发而被搁置，其空地直至 1990 年才由邵逸夫捐资的人文科学馆所填补。

八、理学院

　　理学院位于文学院的左侧、狮子山的东侧山脊，背对东湖，面朝工学院，既是凯尔斯设计的武大早期东西、南北轴线的交会点，又是当时武大核心区三大建筑群之一（其余两个是图书馆建筑群和工学院建筑群），建筑面积超过 1 万平方米，居武汉大学早期建筑群之首。

　　理学院建筑群由一主四副的 5 栋大楼组成，整体建筑依山就势，前排两座中式庑殿顶的副楼护拥着拜占庭风格的主楼，而后排两座副楼则是造型较为朴实的西式平顶楼。前后两部分建筑风格的差异源自间隔的修筑时间和变化的设计理念。

　　由于凯尔斯在武大新校舍一期建设过程中积劳成疾，导致理学院的设计图纸未能全部完成。武大只得先进行理学院主楼和前排副楼的建造。工程于 1930 年 6 月开工，1931 年 11 月竣工，由汉协盛营造厂承建。后排副楼则迟至 1935 年 6 月才动工，1936 年 6 月完工，由袁瑞泰营造厂承建。

　　在武大新校舍一期工程中，出身名门但当时名声不显的美国建筑师凯尔斯，一心想要留下属于自己的传世佳作，且彼时武大的筹建者们也雄心勃勃，要超越北京大学、中央大学和中山大学，建成一所真正的大学，同样对武大新校舍建筑的纪念性充满期待，这也导致凯尔斯对建筑外观宏伟优美的过分追求，而忽略甚至牺牲了部分建筑物内部的使用功能。理学院一期工程的三栋建筑也是如此，很多房间的通风、采光、视线以及声响效果都很成问题。有鉴于此，该建筑群后来在二期工程时，便采取了实用至上的原则，新建的后排两座副楼造型质朴，仅在外墙、阳台、屋檐等处略施一点简单的中国传统建筑装饰元素，虽然造型不如主楼与前排副楼华美，但却实在地解决了实验室空间狭小的问题。

　　凯尔斯为理学院的主楼设计了一座多角基座的拜占庭式穹顶，与南面工学院的方形墙体和四角重檐玻璃方屋顶相对应，颇合中国传统的"天圆地方（北圆南方）"理念，很难说是出于建筑设计师凯尔斯掌握的中国建筑文化知识，还是另一种国人的误读。穹顶由混凝土肋拱支撑，外侧设一圈短扶壁，扶壁之间开高窗，具有浓郁的古典主义气息。主楼楼体采用希腊十字平面式，局部屋檐饰以中式绿色琉璃瓦。前排东西两

图 3-10　树丛掩映的理学院穹顶

翼副楼为单檐庑殿顶楼阁，歇山连脊式，中间有连廊相通。立面墙上开大窗，窗框用细柱条纵横相间，展现出现代感和古典风格的结合；墙身主体两端倾斜的墙体则隐含了中国古典城楼墙体形态的韵味。后排两座造型质朴的西式平顶楼也通过连廊与主楼连接。整个理学院建筑群，融合了东方与西方、传统与现代的建造艺术与技术，既透着一丝东方古朴，又融汇着大方的西洋风格。

理学院建筑群主从秩序明晰，副楼取消了斗拱形象，但檐下过渡部位仍然被保留，以圆柱和简化的额枋连接中式屋顶与西式墙身。

主楼的主要功能是公共教室，教室内设立了古埃及纸草柱造型的室内柱和具有巴洛克特征的楼梯栏杆。利用地势修建的两个当时罕见的阶梯大教室，教师讲课不需用音响设备，声音就十分清晰。东西两侧的副楼分别为化学楼和物理楼，主要功能为实验教室、实验室和教学办公用房。二期工程加建的两栋副楼主要被用作实验室。在凯尔斯的原本设想中，还有一个理学院第二院，但因经费有限，直至抗战爆发也未能动工。

沦陷时期，理学院成为日军文员的办公场所，还增建了关押抗日志士的地牢。抗战胜利后理学院被收回，重新投入教学使用，延续至今。另外，因其墙壁较厚，故得冬暖夏凉之效，在武大全面安装空调之前，理学院是珞珈学子夏冬季节上课自习的绝佳场所。

九、工学院

工学院与理学院相对，由凯尔斯设计，上海六合建筑公司承建，于1934年11月开工，1936年1月竣工。建筑风格中西合璧，布局对称和谐，主从秩序明晰，设计理念先进，装饰及细部设计精巧，兼具实用性和观赏性。

工学院建筑群采用一主六仆的方形中心对称布局，运用四面群房对称布局的手法来烘托主体建筑。带有四角重檐攒尖玻璃大屋顶的主楼居中，正立面为方框玻璃结构，四角各有一座歇山顶副楼，正前方还有两座罗马式碉楼，形成了典型的"中西合璧"式建筑群。

主楼与副楼之间的主从秩序明晰，主楼华美，副楼质朴。主楼为五层高的方形建筑，屋顶与外墙形象突出：下檐铺设孔雀蓝琉璃瓦，顶层则用透光玻璃做屋面，再用四个反扣的橘红色陶缶叠成宝塔状，形成四角重檐攒尖顶的收束；方圆结合，红、白、蓝三色相间；其双重屋顶的四角上，共有8处"仙人骑马"的造型雕饰，其4个下檐上每个骑马的"仙人"背后，都跟着8个"脊兽"（上檐则为6个），其"脊兽"数量远超校园内其余建筑；外墙墙面四角削斜，利用人们的视觉误差，造成墙体倾斜的假象，使这一现代建筑亦带有中国传统建筑的神韵；为了整体协调，斜角上方的石刻栏杆采用独特的圆角过渡；墙面上方还配有多

武汉大学工学院（麦小朵绘）

图 3-11　从珞珈山远望工学院和理学院（民国老照片，刘文祥供图）

个中国传统建筑中罕见的狮面兽装饰。独特的设计与华美的装饰，令工学院大楼在外观上明显有别于图书馆、理学院建筑群。

　　与理学院相同，出于主从秩序的考虑，工学院四角的四个副楼也取消了斗拱形象，但檐下过渡部位仍然被保留，以简化的双柱与雀替作为屋顶与墙身的过渡。另外，在主楼正前方还布置了两座穹隆圆顶的罗马式碉楼，作为主楼的配景。四角和前方的六个造型相对质朴的副楼环拱主楼，更显壮丽典雅。

　　当时凯尔斯的设计理念相当超前，运用新材料和新技术打造了主楼内部的五层超大共享空间和玻璃中庭。主楼呈正方形，中央为高达五层的封闭天井，每层四周都绕有回廊，采用钢梁屋架、透光玻璃做屋顶，阳光可从顶部直射大厅，形成了明亮的"玻璃中庭"，使武大师生能充分感受由光影和空间变化所带来的情趣。凯尔斯将"共享空间"和"玻璃中庭"的设计运用于教学建筑,不仅在我国近代建筑史上没有先例,在国外建筑界也迟至 20 世纪 60 年代才逐渐流行。

主楼的细部处理极为讲究,集美学、力学与实用性于一身。例如屋顶的四角飞檐下的圆形盛露盘,形似吊灯,实则是屋面的排水口,既美化了飞檐翼角,又能承接双层屋面雨水的集中排放,保护墙脚。

主楼为教学用房,地下层为科技成果展览大厅,一至三层为围绕通高中庭设置的教室,四层为室内开放空间,利用主楼前高台设地下通道,可由楼前道路直接进入大厅。四面副楼为系所办公房,包括土木工程系、机械工程系、电机工程系、矿冶系和研究所、实验室等。工学院在 1952 年院系调整中被移出武大,原工学院主楼成为武大的行政大楼,四座副楼被改为部分机关职能部门办公场所。1958 年 9 月 12 日,毛泽东主席视察武大时,在工学院楼前接见了武汉大学、武汉水利学院、武汉测量制图学院和中南民族学院四校 13000 多名师生员工,楼前大操场因此也被称为"九一二"操场。

十、华中水工试验所

华中水工试验所位于珞珈山北麓,面对工学院大楼南面,其建造有效强化了校园东区的南北轴线,由凯尔斯设计,上海六合建筑公司承建,1935 年 8 月开工,1936 年 4 月完成实验大厅、蓄水池、回水渠、高压水箱等基础建筑工程,后续工程因抗战爆发而中止。华中水工试验所由湖北省政府和国立武汉大学合建,是国内高校最早建立的现代水利科学实验研究机构之一。

该建筑屋面采用琉璃瓦歇山顶,屋内用跨度达 19 米的弧形钢梁作屋架,地面设有深 2 米、宽 1.5 米的环形水道。刚竣工两年的科研基地,在抗日战争中沦为日军的马厩,抗战胜利后才恢复水利实验和研究,湖

图 3-12　华中水工试验所

北省政府还设置水利讲座，每年补助经费 12000 元。陆凤书、涂允成等水利学家们在此开展教学实验和科学研究，为治理大江大河和培养中国水利人才做出了重要的贡献。1952 年院系调整，水利学院独立建校，如今这里被用作武汉大学档案馆和继续教育学院社会考试办公室，同时也是武汉大学早期建筑管理保护委员会所在地。

十一、半山庐

半山庐位于华中水工试验所背后，因地处珞珈山北麓的山腰而得名，由沈中清、缪恩钊设计，胡道生合记营造厂建造于 1932 年至 1933 年之间。

半山庐是两层砖木结构的小洋楼，平面呈山字形。由两个阳台将三栋两层的楼房连缀而成，中间一楼伸出一个装饰性屋檐为入口，八个屋檐毫无雕饰，整栋楼用色简拙，皆青砖墨瓦，与珞珈山的苍秀山势浑然一体。

半山庐专供单身教授居住，内部分为多个带壁炉的单间，并设置了会客室、储藏室、厨房、卫生间等公共空间。抗日战争爆发以前，赵师梅、汤佩松、高尚荫、李先闻、郭斌佳、缪培基和朱利安·贝尔等年轻有为的教授先后在此居住。

1946 年，武大复员珞珈山。面对当时学校师资力量严重短缺的窘境，周鲠生校长广招贤才，甚至亲赴美国招聘，于是又有一批青年才俊入住半山庐，后来的武汉大学"哈佛三剑客"韩德培、吴于廑和张培刚，以及谭崇台、刘绪贻、余长河、周新民、万卓恒等多位教授，均曾在此

图 3-13　半山庐

居住。学校还为他们专门安排了一个厨师、一个勤杂工，年轻教师们在半山庐同吃同住，散步聊天，很是惬意。

新中国成立后，半山庐曾先后被用作招待所、校医院、人事部、校友总会，现为武汉大学校友总会和董事会的办公场所。

十二、十八栋

十八栋是武汉大学第一教职员住宅区的俗称，位于珞珈山东南山腰上，面朝东湖，由汉协盛营造厂建于 1930 年 11 月至 1931 年 9 月。在凯尔斯的早期设计中，其建筑皆中式屋顶，与校园核心区风貌统一，但武大建委会大概考虑到当时武大的首批教授多为留英归来，所以最终采用了石格司（时为凯尔斯助手）的英式乡间别墅风格设计方案。建筑皆砖木结构，清水砖墙，红瓦坡屋顶，形式灵活，不拘一格，可分为独栋、联排及前后布局等多种户型；多采用一层拱券门廊，二、三层月台的组织形式，虚实结合、层次分明。

起初规划建造 40 栋，但受限于经费，最终建了 18 栋呈三列"之"字排开的小洋楼，故人称"十八栋"。后来在二期工程期间及抗战胜

图 3-14　民国时期的十八栋（山顶的亭子状建筑是珞珈山水塔）

利后，学校在一区又新建了四栋小洋楼，日寇占领期间拆毁一栋，新中国成立后又有两栋毁塌，现存共计十九栋，但"十八栋"的称号始终未变。

清华大学的梅贻琦校长曾有名言："大学者，非有大楼之谓也，有大师之谓也。"武汉大学成立伊始，亟须高水平的知名教授，而当时的时局也为武汉大学提供了吸引人才的大好时机。正在武大校园如火如荼地建设之际，西方资本主义世界及日本正处于史无前例的"大萧条"之中，经济日益凋敝，中国大批留洋学子纷纷归国。1931 年，日本为缓解经济危机，悍然发动"九一八"事变，东三省沦陷，大批学者涌入关内。加之当时的北平旧学复炽，有新思想的学者纷纷南下，而中央大学等名声显赫的高校又并不为教授提供住宿。

王世杰校长瞅准时机，在学校经费紧张的情况下，仍旧花费重金，在珞珈山东南麓高规格地建造了这三排颇具英伦风范的教授别墅群，并参照当时欧美大学教授的生活水准，为入住的教授提供多种便利与福利。此举果然收到了筑巢引凤之效，短期内大批中国学术界、教育界的重量级人物相继入住。当年"珞珈三女杰"中的两位（外文系教授袁昌英和著名女作家、画家凌叔华）、物理学家查谦、生物学家汤佩松、经济学家朱祖海、"珞珈三剑客"之一的史学泰斗吴于廑、武大中文系"五老"之一的徐天闵，以及武大最初的三任校长——王世杰、王星拱、周鲠生等，都曾在此居住和工作。年轻的武汉大学在这些大师们的引领下，迅速跻身"民国五大名校"之列。

十八栋的小洋楼皆为四层砖木结构。一楼是厨房及厨师住处和煤炭堆放间；二楼是饭厅、客厅、书房；三楼是卧室、洗手间；四楼的阁楼是杂物间。据曾入住的著名法学家皮宗石教授的儿子皮公亮老先生回忆，房内有 24 小时热水供应，水是循环的，送到三楼，洗手间还有抽水马桶。家里用的煤是白煤块，由当时山下的消费合作社（现在的新图书馆处，当时专门为教职工服务，商品种类齐全，并会为十八栋的教授提供卡车送煤的服务）开车送上山来。每家一般都会请两个用人，一个厨工、一个保姆。学校还开通了定时往返的福特牌轿车，接送十八栋的教授们上下课。

除此之外，叶雅各教授还在十八栋周围设计栽植了樟、栎、松、柏等多种树木，营造了优雅惬意的居住环境。十八栋的教授们在工作研究之余，信步珞珈山南麓，周围树木森森、曲径通幽、静谧祥和，仿佛置身风景名胜，让人忘却自己尚身处中部都会之中，曾入住的郭沫若先生誉其为"物外桃源"。

可惜十八栋教授们的惬意生活很快被抗战烽火打破。1938 年春夏，武汉大学西迁，国民政府军令部借武大校舍举办珞珈山军官训练团，十八栋成为国共两党要员云集的地方，周恩来及郭沫若同志就是在此期间入住十八栋的。日寇占领期间，这里成为日军高级军官住宅，部分别墅内部甚至还被改造为日式风格。抗战胜利后，武大回迁，珞珈山南麓再度变为硕学鸿儒云集的知识圣殿，直至上世纪 70 年代后期，教授们才陆续迁出，昔日的"物外桃源"逐渐被人遗忘。

"周恩来故居"位于珞珈山东南麓的一区 27 号（现 19 号楼），1938 年 5 月至 8 月，周恩来、邓颖超夫妇在此居住；比邻的"郭沫若故居"位于珞珈山东南麓一区 20 号（即第 12 栋二单元，当时第 12 栋一单元为国民党要员黄琪翔居所），1938 年 4 月底至 8 月底，郭沫若、于立群夫妇在此居住。当时周恩来、郭沫若、黄琪翔都是刚成立的国民政府军事委员会政治部第三厅的骨干，为方便工作沟通，所以安排他们比邻而居。当时的第三厅主管军事政治宣传和协同有关单位贯彻执行军民总动员事宜，吸纳全国各界文化名士，被时人誉称为"名流内阁"，

武汉大学十八栋（麦小朵绘）

极大地促进了文化艺术界抗日民族统一战线的形成。

在珞珈山居住期间，周恩来曾三度为武大学子做抗日演讲，宣传党的抗日路线，鼓励青年学生到前线去。此外，周恩来、邓颖超夫妇还经常在寓所同爱国民主人士、爱国抗日将领促膝谈心、共商抗日救亡大计。埃德加·斯诺、安娜·路易斯·斯特朗、艾格妮丝·史沫特莱等著名国际友人曾多次造访珞珈山，受到周恩来、邓颖超的热情接待。当时避居东湖疗养的李宗仁，经常在散步时碰到周恩来和郭沫若，相与散步寒暄，商讨国家的未来，周恩来还曾在寓所中设家宴招待李宗仁。另外，周恩来和蒋介石也经常在散步时相遇，一起谈论抗战前途、民族命运等问题。由于周恩来在国共第二次合作中发挥的巨大作用，其寓所也经常接待国民党高级官员，故被称作"国共合作抗日小客厅"。

当时郭沫若住在周恩来的下一层，他在十八栋居住期间，担任第三厅厅长，工作异常忙碌，但武大的湖光山色以及相伴的芳邻，仍令其留下了一生中对居所最为满意的回忆。他赞美武汉大学校园是武汉三镇的一个"物外桃源"，并认为珞珈山"一区 20 号"是他一生中最满意的居所，"太平时分在这里读书，尤其教书的人，是有福了"。

东湖

东湖濒临长江，经青山港与长江相通，主要由郭郑湖、汤菱湖、团湖、后湖与水果湖、关桥汉、菱角湖、喻家湖等众多大大小小的湖泊组成，120多个岛渚星罗，近代因位于武昌东郊而得名。东湖湖岸蜿蜒曲折，港汉交错，碧波万顷，素有九十九湾之称。磨山、洪山、珞珈山等环湖34座山峰绵延起伏，高低错落。山光水色，美不胜收，自古为游览胜地。相传，楚庄王曾在此落驾并击鼓督战，屈原曾在此行吟，刘备曾在此祭天，鲁肃曾在此埋葬白马，李白曾在此题诗，朱元璋六子朱桢曾在此吹笛。

1899年，湖广总督张之洞在长江与东湖之间修建了武青堤和武丰闸，将东湖与长江及其周边的沙湖、严西湖、北湖等湖泊分离，东湖遂成受涵闸控制的内陆湖泊，水患得到了控制。

民国时期，东湖之畔相继兴起了赵氏花园（民国初年，广东人赵宗涛建于今东湖落雁景区乌龙嘴半岛，现仅存一座赵氏花园牌坊）、海光农圃、夏家花园（1931年，地方军阀夏斗寅为祝贺把兄蒋介石诞辰而建，在湖光阁一带）、曹家花园（即"种因别墅"，位于今珞珈山南麓的东湖水畔，由曹祥泰第二代传人、祥泰肥皂厂创始人曹琴萱于1932年筹建，1935年竣工，1951年售给中南军区后勤部，现为武汉军区第四招待所）以及典雅秀美的国立武汉大学。新中国成立后，毛主席曾先后48次来此居住，接待了64个国家的94批外国政要，胡志明、西哈努克、金日成等外国政要也多次下榻东湖宾馆（1953年建成开业，是湖北省的"国宾馆"）。

目前，东湖风景区面积达80余平方公里，其中水域面积33平方公里，是杭州西湖的5倍大、中国第二大城中湖（同城的汤逊湖为亚洲第一大城中湖）、首批中国重点风景名胜区。景区内碧波万顷，水鸟出没，丛林飞翠，植物园区各具特色（梅园、樱花园、荷园、杜鹃园、桂花园、盆景园、水生花卉园等13个植物专类园），楚风浓郁（是全国最大的楚文化游览中心），高校聚集（拥有武汉大学、华中科技大学、中国地质大学、武汉体育学院等26所高校），科研院所林立（设有中国科学院武汉植物园、水生生物研究所等56个科研院所），高新技术产业集群（1988年成立东湖新技术开发区，本地俗称"光谷"，已建设成为国家光电产业基地、国家生物产业基地、国家自主创新示范区和自由贸易示范区），文化设施（湖北省博物馆和湖北美术馆）、旅游休闲娱乐设施（欢乐谷）、高级酒店（东湖宾馆）众多，是长江之畔的一颗耀眼明珠。

一、从海光农圃到东湖风景区

东湖风景区的前身是由武汉工商业名人、银行家、民族资本家周苍柏（1888—1970年）从1929年开始筹建的"海光农圃"。当时，他担任上海商业储蓄银行汉口分行行长，已对北洋军阀政府和民国政府的腐败政治感到失望，精神无所寄托，又忧虑武汉市民沉迷鸦片和赌博，要开辟一个强身健体和公众休闲娱乐的场所，成为城市公园。在选择了不少地方后，最终他购买了东湖西北岸的第一块土地，之后渐渐连成大片

图 4-1　海光农圃新牌坊，位于听涛景区，为原牌坊易址重建（陈思摄）

（南至南山、老鼠尾，北至今长天楼，东濒东湖，西临今东湖路）。他还聘请了郎星照等农业技术师和几十名技术工人，将原本的荒滩湖汊地改造为农圃。

1930 年，海光农圃对外开放。当时市民进入农圃需从今武汉大学凌波门乘船抵达，周苍柏遂于次年在今听涛景区南端的市民进圃必经之路上设置了一座入口牌坊，正面"海光农圃"四字为周父周韵宣所书；背书"疑海听涛"，彰显了东湖的广远辽阔。

周苍柏在海光农圃开展农业技术改革，培育良种，引进国外新品种果木。他将农圃分为一区（中心区）、二区（苗圃、桃林、果园、动物园）、三区（果园、粮食作物、饲养区）、四区（教育区，现为湖北省博物馆所在地）。海光农圃的职工不一般，场长是留德的农学博士罗光魁，各区管理员都是金陵大学农业系的毕业生，工人来自四面八方，其中有不少难民。每一难民经营一只游艇，就可维持家用。除教育区因战乱等原因未能建成外（仅有一小块养猪的场所），其余三区建设均颇有成就，周苍柏一家周末和假期常来风景最美的中心区居住。他还培育了珠兰、白兰、茉莉、玫瑰、梅花、西红柿、葡萄、水蜜桃、洞庭枇杷等花卉蔬果，引进了深受市民喜爱的梅花鹿、火鸡、小猪、猴子等动物。

周苍柏先后投入两万大洋购置荒地和建设农圃，但却坚持免费开放。他建了鱼池，办了养蜂场、手工粉坊、香坊等，生产海光牌蜂蜜、咸鸭蛋和蚊香等，以维持公园正常开放。

为了让孩子们安全畅快地游泳，周苍柏把一只长宽各几十米的木箱沉入湖底，并用缆绳捆绑几个大柴油桶架以固定四周，从而构成一个简易的游泳池。他的女儿、著名花腔女高音歌唱家周小燕（被誉为"东方夜莺"，1917—2016 年）留下了一张小时候暑假在东湖游泳的照片。

在周苍柏的精心打造下，海光农圃很快就以出色的园艺和大气的景观成为全国知名的风景区，不独武汉市民，凡到汉人员皆以参观海光农圃为荣幸。1935 年，湖北省政府特设东湖建设委员会，计划建设东湖，1947 年还印发了《武汉三镇交通系统土地使用权计划纲要》，明确提出要将东湖公园建设成为"市外最大之公园"。但因战乱及经费等因素的制约，国民政府始终未能将东湖公园的设想付诸实践。

1938 年武汉沦陷后，周苍柏举家迁往重庆。1942 年，海光农圃被日军侵占，一、二区部分果园被捣毁。抗战胜利后，周苍柏回汉，尽力恢复和扩建农圃，将农圃扩展为东临东湖、西至老东湖路、南近双湖

图 4-2　20 世纪 30 年代的国立武汉大学东湖露天游泳池
（来源：《北晨画刊》1934 年第 2 卷第 6 期）

桥、北至海洋公园游泳场的大片地域，面积增至 3400 亩。1949 年 5 月，武汉解放，李先念到东湖边看望周苍柏，对农圃赞不绝口，周苍柏当即表示愿意送给国家。1949 年 6 月，武汉解放后仅一个月，周苍柏主动将海光农圃捐献给了国家。

　　1949 年 9 月 24 日，周苍柏捐献的海光农圃更名"东湖公园"，1950 年 12 月 2 日正式被命名为"东湖风景区"，周苍柏任东湖建设委员会副主任委员（中南军区政治部主任陶铸任主任委员）。周苍柏因为建造和捐献海光农圃的壮举，被誉为"东湖之父"。他一直心系东湖，1970 年，在其弥留之际，突然对女儿讲："快把我大衣清出来，我要到

图 4-3　周苍柏

（来源：《海光》1932 年第 11 期）

武汉，他们还等着我开会，一起商量东湖景区的发展大计。"

为纪念周苍柏创建和主动捐献海光农圃的壮举，2008 年，武汉政府斥资百万，在可竹轩园内修复部分海光农圃，将其命名为"苍柏园"。园区占地 60 亩，由海光农圃牌坊、周先生及其子女周小燕和周德佑三人的纪念铜像、周苍柏纪念室和周母桂花林组成。周苍柏纪念室坐落于周先生亲手栽种的周母桂花林边，内设周苍柏生平事迹展，陈列八九十年前周家所用实物，包括周苍柏当年穿过的大衣及其女儿周小燕弹过的钢琴。2008 年，周小燕及周苍柏先生的另外两位女儿周澂佑、周彬佑亲临现场为纪念铜像揭幕。2018 年，为纪念"东湖女儿"周小燕，又在周苍柏纪念室增设了周小燕纪念室，令

《长城谣》原音重新唱响东湖之畔。2019 年，周小燕的两个妹妹再度来此缅怀家人。

二、新中国成立后东湖风景区的规划发展

1950 年 10 月，贺衡夫、周苍柏、李先念等九人联名提出"建设东湖公园及东湖养鱼提案"，周苍柏还单独提交了《对于东湖养鱼的刍议》，并提出与轻工业部在东湖合作养鱼，由此拉开了东湖风景区大规模规划发展的序幕。1950—1956 年，出台一系列有关东湖风景区的政策性文件和规划建设纲要，确定了建设一个世界级风景区的基调，初定了景区的范围、划分以及景点的选取和规划设计。虽然资金紧张，但到 1959 年仍建成开放了华林区、听涛区及部分落雁区、洪山区、珞珈区，可供游览面积拓展至 8088 亩，湖心亭(即"湖光阁"，1953 年新建湖心亭餐厅)、九女墩（1952 年）、行吟阁（1955 年）、长天楼（1956 年）等东湖地标建筑均已修缮完毕或建成开放，并开始了大规模的植树造林，东湖风景区发展成为武汉最大的游览区。

随着"大跃进"的开始，东湖的建设趋于停滞，在"文革"期间还遭到一定的破坏，出现湖面分割、土地分家、管理混乱、胡乱开发和水体污染等问题，直至 1978 年才逐渐回到正轨。1982 年 11 月 8 日，武汉东湖风景名胜区被国务院批准为第一批国家重点风景名胜区，重启大规模规划和建设。当年，朱碑亭、千帆亭、蕴谊亭、翠帷轩、雁栖水榭和磨山酒楼即告竣工。1983—1987 年，又相继建成了冷艳亭、盆景园、杜鹃园、磨山环山路、七十八樱花亭和可竹轩。此后至 20 世纪 90 年代初，在磨山兴建了楚城、楚市、楚天台、风标、离骚碑、祝融观星雕塑和楚辞轩等楚文化标志性建筑，打造了楚文化游览区（1992 年开放）。同时还兴建了 13 个植物专类园，展示湖北的乡土树木花卉。

20 世纪 90 年代以来，受新观念和旅游经济影响，东湖风景区增添了许多现代化景点，如楚天台（1992 年）、磨山滑道（楚天第一滑道，1996 年）、异国风情园（1997 年）、梨园广场（1998 年）、磨山樱花园（1999 年）、楚风园（2000 年）和樱花园五重塔（2001 年）等，再次掀起了开发建设的高潮。1995 年审批通过的 1996—2010 年的东湖风景名胜区总体规划，划分风景游览区为听涛、磨山、落雁、吹笛和白马 5 个景区；修改原东湖 24 景为新 24 景；首次将旅游作为重要工作内容列入，设想以东湖风景区为武汉旅游中心，与黄鹤楼、琴台、归元寺等本地景点及三峡、蒲圻三国古文化游览区等省内景区联合，开辟多条游览线路，以带动武汉市乃至湖北省旅游业的发展；除此之外，对东湖水体污染的整治也被列上日程。

从 1998 年开始，伴随 7 部地方法规条例的颁布，东湖水质日渐好转。2009 年又开始实施大东湖生态水网构建工程，集中解决东湖排污问题。以东湖为中心，贯通沙湖、北湖、杨春湖、严东湖、严西湖，再通过港渠与长江相连，江湖相济，实现武汉大生态环境的修复。至 2017 年 12 月，东湖随着最后一截拦鱼栅拆除，东湖三大子湖无障碍连通，东湖 50 余年的渔业养殖历史就此告终。

2017 年 12 月 26 日，东湖绿道二期华丽启幕，与一期绿道结网成环，长达 101.98 公里，成为国内最长的 5A 级城市核心区环湖绿道，串联起磨山、听涛、落雁、吹笛四大景区及植物园、欢乐谷、武汉东湖海洋世界等景点，不仅让武汉市民实现了"世界级慢生活"，也极大促进了东湖生态系统的修复，武汉已将东湖打造成为世界级城中湖的典范。

2018 年 4 月，中国国家主席习近平与印度总理莫迪在武汉举行非正式会晤，两国领导人共同参观了湖北省博物馆，并在东湖之滨散步畅

图 4-4 湖北省博物馆

谈，使得东湖再次进入国际视野，为其 80 余年荣耀史添入新篇章，一时间令东湖举世瞩目。2019 年，东湖获评"长江经济带 2018 年最美河流（湖泊）"，全国共 8 个湖泊入选，东湖作为唯一位于主城区中心区的城中湖，成为推行长江经济带"共抓大保护、不搞大开发"的实践典范。同年，东湖作为军运会主要赛场之一，建成公开水域游泳、公路自行车、马拉松、帆船四项单项比赛赛场，面积约 50 平方公里，向世界打出了一张"世界级最美山水赛场"的武汉名片。

经过 90 余年的规划和建设，东湖已由曾经"一围烟浪六十里，几队寒鸥千百雏"的自然湖泊荒滩，建成为了景区面积 80 余平方公里的武汉东湖生态旅游风景区，规划建设听涛、磨山、落雁、吹笛、白马和渔光、后湖、喻家山 8 大景区（此据《武汉东湖风景名胜区总体规划

图4-5 碧潭观鱼

（2011—2025）》。截至2013年已开放听涛、磨山、落雁、吹笛、白马、
珞洪6大景区），形成华亭双月、疑海听涛、泽畔行吟、龙舟竞渡、碧
潭观鱼、湖光浮阁、朱碑耸翠、楚天极目、天台晨曦、珞珈书香等24
景，拥有中国四大梅园之首的东湖梅园、入列世界三大樱花之都的东湖
樱花园，以及鸟语林等100多处自然景园，成为一个以现代园林为特色
的风景旅游胜地，促进了武汉山水园林城市的建设步伐，优化了武汉的
城市生态状况，为武汉营造了高雅的文化氛围，提升了武汉的城市文化
精神气质。

三、景点拾粹

东湖美景不胜枚举，今择其历史文化厚重或观光游览价值尤佳的9
处景点，依建造时间排序，铺陈如下。

❶ 九女墩

九女墩位于东湖西北岸的一座小山冈上，冈上矗立着一座高大的花岗石纪念碑，后有一半圆形坟墓。相传是 9 位太平军女战士的墓地。1855 年 2 月太平军第三次攻占武昌城时，群众纷纷参加义军。第二年，清军反扑，在"包打洪山"战斗中，兴国军女兵营英勇抗敌，给予湘军罗泽南部重创，一度解除了武昌之围。在战斗中，9 位太平军女战士牺牲在了东湖之畔，当地乡民敬慕九女的义烈，将她们合葬在了这座小山冈上。后为避免清军破坏和报复，不敢用"九女墓"命名，对外都称"九女墩"。

1952 年，武汉市人民政府将九女墩培土重修，为九女立碑作传。纪念碑由红色花岗岩砌筑，高 8 米左右，正面上部镌刻"九女墩"三个大字，下部镌刻由董必武撰文、张难先书写的《九女墩碑记》，其他三面刻有宋庆龄、何香凝、郭沫若、张难先等人的题诗词。墓地周围遍植桂花，庄严肃穆。1956 年 11 月 15 日，九女墩被列为湖北省文物保护单位。

❷ 北洋桥

在东湖通向长江的古河道上的和平乡北洋桥村（属东湖白马景区），有一座典型的东方单孔石拱桥——北洋桥。北洋桥建于明代弘治十七年（1504 年），距今已有 500 多年。其与赵州桥的结构类似，只是体量略小，两头各少一个泄水孔。桥身采用红砂条石块砌筑，引桥原为青麻石踏坡。桥的跨度为 9.5 米，宽 7 至 11 米，拱跨度约 14 米，两头宽，中间窄；加上两端的引桥，全长 50 米。拱圈采用镶边纵横砌置法砌筑而成，拱顶离水面一般为 6 米。桥两头原本各有两座石狮子，后来只剩下一座。桥两边皆为石柱，石柱两侧刻有槽子，中嵌青麻石板作为栏杆。

北洋桥又名"白杨桥","白杨"之名始见于南北朝,齐永元三年(501年),萧衍(次年篡齐称帝)顺江东下,攻取郢城(即今武昌),命唐修期、刘道曼屯兵白杨垒。白杨垒为武昌门户,乃兵家必争之地,隋唐两代也常为屯兵之所,唐代在此即建有竹木结构的白杨桥。至明代,此地改名"北洋渡",是出武昌城武胜门北上的要道,也是江西、浙江一带客商进武昌城的必由之路,桥址正当北洋渡渡口。宣统、正德年间(1426—1449年),当地地方官曾在两岸浅水处打木桩,用竹笼装石块放在桩上形成墩石,放置木板架桥,但因往来人车过多,屡架屡毁。为解决这一问题,当年镇守此地的刘太监曾拨240两白银,交予江夏主簿修建石桥,但并未成功,此后一段时间只得多靠舟船摆渡。1504年,江夏官员周玺目睹自北洋渡口往来客商候舟的不便,决计修桥。事后,他与友人陈延英诉说此事,陈当即慷慨捐银1000余两、米100余担。此后周、陈二人前往北洋渡选定桥址,招集劳力,破土动工,组织当地村民从百里外运来青石1.2万余片,请来了石匠百余人,在水下用硬木打桩,桩顶砌厚密青石,用红砂石砌拱,历经数月,终于建成了第一座石质的北洋桥。

现在所见的北洋桥,为当地人李凌(即晚清民国的武汉工商业巨子李紫云)在1915年集资重建的,其所立石碑仍基本完好,碑上字迹清楚,字体苍劲有力,内载:"此桥兴自唐代,名曰北洋,明清二代,屡建屡圮,行人苦之。"1931年洪灾,北洋桥的栏杆被冲坏。抗战时期,国民党组织武汉会战,长江是第一道防线,北洋桥一带是第二道防线。为了走车,把北洋桥引桥的石板踏坡改为混凝土平滑路坡,并修了东头引桥的八字护墙,此前被冲掉的栏杆则被砌于护墙上,现仍完好。

1938年的一天,一群日本兵在一辆坦克的掩护下,企图从北洋桥

湖光阁（麦小朵绘）

行吟阁（麦小朵绘）

楚天台（麦小朵绘）

上通过，上百北洋村村民拿着锄头、镰刀、棍棒守在桥头，成功偷袭了日军，打死两名日本兵。次日，北洋村遭到日寇的疯狂报复，好在所有青壮年男女全部外逃，可惜仍有一名村民被枪杀。不过北洋桥作为交通要道，并未遭到日军的损毁。

"文革"期间破"四旧"，桥上石碑的碑檐被砸烂，石碑被推倒，村民心疼得直落泪。当时有个村民叫王树声，他偷偷地和另外几位村民用牛车将最大的一块石碑运到地沟边，假装当跳板使用，石碑才得以逃过灭顶之灾。

1988年，北洋桥被列为武汉市文物保护单位。1994年，北洋桥得到修缮，基本恢复了民国初年的风貌。桥拱、桥基保留未动，桥面被修复，桥两侧为踏坡台阶式路面，供行人步行过桥之用，对小孩和老人最为方便。桥中间为拱形路面，可供小车通行。桥两侧为石柱栏杆，两头各有一对石狮子，保留下来的碑文石刻竖立于桥的东侧，可供游人观赏。为保护老桥，政府又在距其一里处，建造了一座新桥，专供来往卡车、货车过桥之用，老桥则禁止车辆通行，但仍可为行人提供近便的交通。

❸ 湖光阁

湖光阁位于东湖中心狭长的芦洲上，俗称"湖心亭"，现由十里长堤与陆地相连，建于1931年，原名"中正亭"，是夏斗寅为其把兄蒋介石奉上的45岁生日礼物。湖光阁底径14米，高19米，三层六面，八角攒尖顶，飞檐外展，上履绿瓦，掩映于疏林之间，卓俊典雅。后因登楼远眺，可尽收东湖风光，故称"湖光阁"。

2016年底，湖光阁作为东湖绿道工程建设中的核心景点得到保护修缮，并于2017年重新开放，成为东湖绿道上展示武汉城市文化的新名片。

图 4-6 湖光阁

❹ 东湖梅岭毛泽东故居

东湖梅岭包括南山甲所和梅岭别墅，是毛主席 1956 年 5 月至 1974 年 10 月在武汉的居住地。其中甲所是一座凹形青砖瓦房，建于 1952 年，由冯纪忠设计，南山主楼则建于 1978 年。在甲所居住时，毛主席面对碧波粼粼的东湖，发出了"天下好水莫过于此"的感叹。甲所门口的 3 棵 10 余米高的龙柏，是 1958 年 11 月 25 日毛主席与朝鲜首相金日成合种的象征中朝友好的友谊树。

梅岭别墅建于 1959—1960 年，由一、二、三号建筑组成，其中梅岭一号为 1960 年之后的毛主席来汉居住地，由同济大学建筑系归国女专家吴芦生设计，里面设施齐全，卧室和客厅都很宽大，还设有乒乓球桌，

图 4-7　南山甲所（任予箴摄）

图 4-8　毛泽东和金日成共植的"友谊松"（任予箴摄）

图 4-9 梅岭一号（任予箴摄）

附属设施还有防空洞和车库，以及延伸到湖边和梅岭三号的内走廊。

从20世纪50年代中期至1974年，毛主席前后下榻东湖宾馆48次，每次居住时间短则数天，长则达半年之久。东湖宾馆是毛主席除北京中南海之外，居住次数最多、居住时间最长的地方。在汉期间，毛主席在这里处理各种国内外大事，接见过64个国家的94批外宾，组织了对苏联的"九评"论战，并在横渡长江和东湖赏梅之余，回到这里写下了脍炙人口的《水调歌头·游泳》以及《卜算子·咏梅》，东湖宾馆因此享有湖北"中南海"的美誉。

1993年，毛主席诞辰一百周年之际，梅岭一号正式对公众开放。2008年，以"近现代重要史迹及代表性建筑"类别入选第五批湖北省文物保护单位，名称为"东湖毛泽东旧居"。

现如今，梅岭一号作为"毛泽东故居陈列馆"，接待来自国内外的访客参观，是全国和湖北省爱国主义教育示范基地。人们在这里缅怀这

图 4-10　武大学子在行吟阁前穿汉服依古礼祭祀屈原（刘建林摄）

位与武汉有着不解之缘的伟人，回顾他在东湖之滨运筹国家建设、笑对国际风云的政治家风范。

❺ 行吟阁

行吟阁位于东湖西北岸听涛轩东侧小岛上，可由荷风桥和落雨桥通达，1955 年修建，为钢筋混凝土结构，仿古代砖木建筑形式，平面正方形，四角攒尖顶，飞檐三层，绿瓦圆柱，古色古香，整个建筑雄壮俏丽，颇富民族风格。阁名出自《楚辞·渔父》："屈原既放，游于江潭，行吟泽畔。"行吟阁檐下匾额由郭沫若书写。阁前竖有屈原全身像，造型端庄凝重，展现其对天长吟的生动形象。

❻ 长天楼

长天楼位于东湖西北岸，建于 1956 年。楼名取自唐代诗人王勃《滕王阁序》中的诗句"落霞与孤鹜齐飞，秋水共长天一色"，楼名由董必武题写。建筑为两层民族风格，形若宫殿，歇山顶，翠瓦飞檐，建筑面积 1775 平方米，气势雄伟，面阔 7 间，进深 2 间，可容千人就餐品茶，两端配有端直柱廊，通左右方形凉亭。楼前开阔，楼后幽静。20世纪五六十年代，毛泽东、周恩来等中央领导人曾多次在此接待外宾。

❼ 朱碑亭

1954 年 3 月 1 日，朱德同志来到东湖视察，他十分关切地询问了东湖风景区开发建设的一些具体情况，之后挥毫题词："东湖暂让西湖好，今后将比西湖强。东湖有很好的自然条件，配合工业建设，一定可以建设成为劳动人民十分爱好和优美的文化区和风景区。"

为纪念此事，1978—1982 年，东湖风景区管理局在磨山西峰（第一主峰）建起一座坐东朝西的二层钢筋混凝土仿木连廊式建筑——朱碑

图 4-11　朱碑亭（任予箴摄）

亭。亭高 21 米，一层八面，檐角飞翘，二层四角攒尖，绿瓦单檐，红漆圆柱，上绘朱德喜欢的兰草图案。建筑面积 157 平方米，正面"朱碑亭"匾额由郭沫若先生病重时题写，为其绝笔。亭前广场竖有一块 3.5 米高的不规则大理石——朱碑，上刻朱德题词。2004 年 3 月，为纪念朱德同志题词 50 周年，东湖风景区管理局翻修碑亭，在四周增建了游廊、展室，并在亭前增设了朱德塑像。

❽ 楚天台

楚天台，又名"楚天阁"，位于东湖南侧磨山第二主峰，是磨山景区的中心、楚文化游览区的标志性建筑，登临可俯瞰东湖全景，建于 1989 年底至 1992 年 5 月，总建筑面积 2260 平方米，是武汉地区继黄

图 4-12　楚天台

鹤楼、白云阁后又一较大规模的仿古建筑。匾额由著名书法家赵朴初题写。台阁采用钢筋混凝土圆柱与横梁组成的框架结构，仿古章华台"层台累榭，三休乃至"的形制而建，依山傍水，高台耸立，345级台阶设置三个休息平台。楼高35.26米，明五层，暗六层，呈宝塔形，层层上拔。入口抱厦突出，各层皆设外廊，重檐歇山，四方攒尖，楼顶置一铜凤。屋面铺设黄色琉璃瓦，分前殿和主楼两大部分。正面墙上镶有用600多块天然大理石拼成的"楚天仙境双凤朝阳"图，穹顶彩绘二十八星宿图，楚文化色彩浓郁，楼内设荆楚文物复仿制品、工艺品、楚国名人蜡像展，每天定时表演编钟乐舞。

❾ 五重塔

五重塔位于武汉东湖风景区、东湖南侧的樱花园内，建于2000—2001年，采用钢筋混凝土框架结构，楼高五层、29.51米，五重飞檐，每层皆为正方形，自下而上逐层递减，屋面用彩色钢板装饰。

图4-13　樱花园五重塔

昙华林

　　昙华林地处武昌老城东北角，历史悠久，人文荟萃，融合东西文化，历史遗存丰富多彩，是武昌古城的一张靓丽名片。

　　昙华林原是清代中叶一座佛寺的名称，寺名得自优昙花。优昙花是梵语译名，又译"优昙婆罗"，意为"灵瑞花""空气花"，佛经称其为"仙间极品之花"，每三千年一开，开时有金轮王（佛）转世。至清末，昙华林已成为昙华林佛寺及其周边区域的统称。在 1946 年之前，昙华林仅指与戈甲营出口相连以东的地段。1946 年，武昌地方当局将戈甲营出口以西的正卫街和游家巷并入，统称"昙华林"，沿袭至今。

　　清时，昙华林是武昌卫与武昌左卫所在地，衙署云集，湖北、湖南两省秀才周期性汇集于此，参加科举考试。1861 年汉口开埠后，昙华林一带逐渐形成华洋杂处、比邻而居的地域特色。意大利、英国、美国、瑞典等国传教士纷纷来此传教、办学、施医。中国的近代教育事业也在此崛起，汇聚了大量接触新思想的先进人士，最终催生了湖北最早的反清革命团体，成为辛亥革命的重要策源地。

一、翟雅各健身所

　　翟雅各健身所，位于昙华林特一号，是从中山路进入昙华林的东

大门，西侧紧邻湖北省中医药大学（昙华林校区）体育场，1921年为
纪念文华大学首任校长翟雅各（James Jackson，英籍美国人）而建，是
中国最早的现代体育馆之一，也是武汉硕果仅存的一座二层历史体育
建筑。

翟雅各（1851—1918年4月22日），又译杰克逊，是中国近代基
督教史上的重要人物。他最早于光绪二年（1876年），作为英国基督
教新教循道会教育传教士，携妻到广州布道，1878年前往美国后，加
入美国基督教美以美会，1882年再度来华开辟芜湖教区。1894年，英
国伦敦圣教书会在江西设九江书会，他与李德立等用美以美会教育传
教士的身份主事。1900年，他改隶美国基督教圣公会，携妻常驻武昌，
1901年出任圣公会开办的武昌文华书院院长，1917年卸任后迁居江西

图 5-1　武昌文华大学校监院翟雅各先生肖像
（来源：《大同报（上海）》1914 年第 20 卷第 11 期）

九江，1918年病逝。

他在任期间，文华书院得到较快发展，十余年间，文华书院升格为文华大学，建立了中学部、大学部完备的教育体系，有注册中学生300多人、大学生50多人。校园面积也扩大了20亩，并建成了学生宿舍和中国近代第一个真正意义上的公共图书馆——文华公书林。他还秉承素质教育原则，引入英美先进教育理念，开展丰富多彩的文体活动，诸如用新兴的足球、棒球等体育项目取代放风筝、踢毽子等传统游戏活动，并举办武汉地区的首届校际运动会；在校内发行手抄刊物《文华年鉴》，并鼓励学生积极参与社会服务活动；创立校足球队、中国第一支铜管乐队、学生合唱团、红十字会、第一届夏令营，以及旨在培养青少年智、仁、德、体全面发展的童子军，等等。

为纪念翟雅各对文华大学做出的卓越贡献，其继任者美国人孟良佐（Alfred A. Gilman）博士提议以翟雅各的名字命名新建的体育馆。体育馆于1921年10月2日（文华书院成立50周年校庆）正式投入使用，主要用作体育教学与室内运动场地，还可充当中外学者的讲座场地。

建筑由美国人柏嘉敏（J.Van Wie Bergamini）设计，二层混砖木结构，为中西合璧的建筑风格。庑殿抱厦顶，清水红砖外墙，平面呈凹字形，中轴对称布局，三段式立面。一层正中设拱券入口，门楣由混凝土发券装饰，外部白灰粉刷，南北两侧设侧门。二层设外廊，上部为抱厦和高窗，檐飞而平、翘而稳，隐隐有宋代建筑之风。门窗使用中国南方民居形式，窗棂形制多样，民族色彩浓郁。窗框和拱门使用混凝土框套。二层的柱础、额枋、梁头、雀替、栏杆等，形式采用中国传统元素，但皆以钢筋混凝土浇筑。屋身使用钢木混合梁架，形成大跨度室内空间。室内空间布局也按照现代体育馆功能设计，科学合理。

健身所长期隶属文华大学（1924年改名"华中大学"，新中国成立

翟雅阁博物馆（麦小朵绘）

图 5-2　翟雅各健身所修缮后外景

后改为"华中师范大学"),直至 20 世纪 70 年代华师全部迁至桂子山为止。新中国成立后,健身所主要供中外来访的专家进行讲学之用。湖北中医学院接管后,再次将其作为篮球馆使用。20 世纪 80 年代,学院对其进行过简单修补,至 2007 年,终因年久失修而暂停使用。2016 年 11 月 11 日,得到修缮的健身所再度投入使用,改称"翟雅阁博物馆",成为武汉设计之都客厅,完成其使用功能从体育馆到博物馆的转型,成为武汉近代建筑改造和再利用的典范。

二、文华书院礼拜堂

从健身所右转,沿着一条林荫大道爬过一段山坡,就能看到一处开阔地带——圣诞广场,广场的东侧就是百年文华的最初见证——文华书院礼拜堂。

　　清同治七年（1868年）春天，美国基督教圣公会驻上海教区主教文惠廉和中国籍牧师颜永京溯长江而上，于当年6月23日抵达武昌。他们此行的目的主要是做教会的宣传工作并考察创办一所书院式的教会学校。他们先是在武昌府街（今青龙巷）开办了一家小诊所，作为传教的依托，之后又在武昌城东北角买下一块土地，修筑了一座小型礼拜堂，因其设堂时间为1870年12月25日，故又名"圣诞堂"。此后，美国圣公会围绕这座圣诞堂，逐渐兴建起了一座湖北最早最大的基督教教会学校——文华书院，后演变为文华大学—华中大学—华中师范大学。

　　这座礼拜堂是武汉校园中兴建最早和使用时间最长的教堂。礼拜堂开堂后近一年，1871年10月2日，文华书院的前身——The Boone Memorial School（文氏学堂）才宣告成立，校名乃为纪念文惠廉主教

图5-3　江苏第一任主教文惠廉遗像

（来源：《圣公会报》1935年第28卷第21期）

图 5-4 1896 年的文华书院（刘建林供图）

的父亲老文惠廉（William Jones Boone）。当时只有一名教师（杨用之）、
5 名学生，是一所小型男童寄宿学校。直到两年后，学校建成了第二栋
房子，学生数也达到了原计划的 30 人，学校才结合高尚典雅的"文章
华国"的含义，正式定中文名为"文华书院"。

　　这是一座单层砖木结构的西式教堂。当时中国尚未发生大规模的反
基督教运动，西方建筑师还不会刻意将教会建筑设计为中西合璧形式，
仍是遵循本国的建筑风潮。这座教堂的设计者是美国圣公会首任驻汉主
教——殷得生（J. A. Ingle，美国人）。在 19 世纪，追求民主的美国人
对古希腊的共和体制非常认同，延及古希腊建筑，希腊古典建筑遍布全
美。循此潮流，殷得生设计的礼拜堂也采用了古希腊神庙式的建筑风

格：主体建筑系长方形厅堂，三面呈马蹄状外廊，围廊立柱为古希腊风格，但立柱柱身删减了柱头花饰，显得素洁修长，更加庄重典雅。檐部分为三层，层叠直上托起坡状平顶，也颇具古希腊神庙式建筑特色。这种模仿古希腊神庙形式且不设钟楼的设计，是一种大胆的创新，体现了美国人特立独行的个性。

20世纪初，时任圣公会鄂湘教区主教的吴德施（即鲁兹），思想开明，同情中国革命。在他的支持和默许之下，当时的文华大学教师、日知会主要成员刘静庵、余日章、张纯一等常在文华书院礼拜堂宣传反清革命思想，礼拜堂由此成为重要的革命策源地。光绪三十二年（1906年），《文华学生军军歌》在此诞生。当时在文华书院附中教授英文"兼主持学生军操课务"的余日章，为激励学生的尚武精神，与该校留日国文教师张纯一"议作军歌一首"，这就是《同胞》团结歌；"复作第二首歌"，即《向前奋勇歌》。这两首军歌曲谱分别选用英文歌曲"我站立高山之巅……"（I have reamed over mountain …）和"前进，前进，我们向前进……"（March on, march on, our way along …）；歌词均出自张纯一之手，皆慷慨激昂，唱出了革命党人的英雄气概，很快替代了原来的反映美国独立战争的英语歌曲，并从学校唱到军营，在武昌首义爆发时成为部分起义军的军歌，成为"首义军歌"。

1958年，校园宗教活动停止，礼拜堂结束宗教使命。2002年，礼拜堂旧址得到过一次大修，现为湖北省中医药大学的工会活动中心。

三、文华书院校政厅

校政厅是文华书院最初的正馆，现为湖北中医药大学8号楼，建于光绪二十九年（1903年）前后，坐北朝南，为中西合璧的二层砖木结构建筑。

当时的中国社会，刚刚经历庚子国变，反基督教的声势已经壮大起来。为减少传教阻力，这一时期的教会建筑开始更多借鉴中式屋顶等构造和中国传统装饰手法，建筑风格趋于中西合璧。

受此时局与风潮的影响，文学院旧址虽为西式外观，装有巴洛克彩色玻璃窗，北面入口有四根多立克柱支撑在明台之上；但其整个结构为中式，回廊式二层楼房，砖木组合式栏杆，栏杆砖墩上竖双柱支撑屋檐，檐部额枋做上下枋，两枋之间有木雕花格装饰。中为下沉式天井，南面是传统的底层门厅和顶层房间，地铺条石，用粗大原木作立柱，整根杉木为横梁。

该建筑最初主要用于教师办公，后来交给文学院使用。20 世纪 20

图 5-5　文华书院校政厅

年代，这里还成为共产主义的启蒙之地。1920年2月4—8日，陈独秀应邀由沪来汉讲学。在此期间，他下榻文华大学文学院二楼。5日下午2时，陈独秀在武汉学生联合会、文华学生协进会为其举办的欢迎会上发表了题为《社会改造的方法与信仰》（1920年2月7日的《国民新报》则载为《中国存亡与社会改革的关系》）的演讲，提出将消灭私有财产制主张作为改造社会的主要方法，标志着共产主义学说正式登陆湖北。6日上午9时，他应邀出席文华大学毕业典礼并发表了题为《知识教育与情感教育问题》的演讲。在文华大学文学院居住的短短三四天时间里，他还引导文华大学校工郑凯卿和记者包惠僧走上了共产主义道路。

建筑现为湖北省中医药大学保卫处和离退休工作处，立面已得到修整，内部木结构建筑则维持原状，黑褐色的油漆斑驳的木门、窗与五彩的玻璃构成一幅古朴淡雅的画作。

四、文华大学理学院

文华大学理学院今为湖北中医药大学7号教学楼，建于宣统元年（1909年）前后，是一座二层砖木结构的中西合璧建筑。一楼的南立面和东立面外墙均为连续拱形宽大窗户，窗楣上有拱形浮雕装饰，具有典型的西方建筑特点。但二楼和建筑内部却借鉴了很多中国传统建筑方式和构件。建筑内部皆为木质栏杆和楼梯，铺设木地板。二楼外廊的南面和东面为敞廊，类似西方殖民者惯用的外廊，但建筑细部又掺杂着很多中国传统建筑装饰构件：例如砖木组合栏杆，栏杆为直棂形，砖墩上竖双木柱支撑上部檐口额枋，上下额枋之间装饰传统木雕花格，额枋和柱间的雀替装饰如意头图案。

建筑起初作过外国教师公寓，后为理学院。文华大学理学起初相对较弱，但在 1929 年 9 月华中大学重新开办之后，长沙雅礼大学并入，著名物理学家桂质廷、卞彭，化学家张资珙，生物学家陈伯康相继到来，理学院蓬勃发展。1932 年该楼开放为男生公寓"博育室"（Poyu Hostel）。抗战胜利后，因战时华中大学大量房屋被毁，该楼又改为教工楼，20 世纪 60 年代，章开沅及熊铁基教授都曾在此楼居住，格局保持至今。

五、华中大学朴园（钱基博故居）和榆园

华中大学朴园和榆园位于武昌区华中村 1–40 号、湖北美术学院校园内，两楼毗邻而立，皆落成于 1936 年，系折中主义风格的美国花园

图 5-6　朴园

别墅。二层砖木结构，中式屋顶，正立面有半圆形的大拱门和细长的高窗，室内装有壁炉，门庭宽敞。原为华中大学教授公寓，华中师范大学搬迁桂子山后，划归湖北美院。2002 年湖北美院对两楼大修后，分别用作该院的环境艺术研究所办公用房和咖啡艺术沙龙，并根据各自近旁的百年朴树和榆树而将其命名为"朴园"和"榆园"。其中的朴园是《围城》作者钱锺书的父亲——国学大师钱基博的晚年居所。

朴园和榆园所在的华中村，原是北伐战争后拆除武昌城墙后形成的一块官地。1935 年，日益壮大的华中大学将近旁的这块土地买了下来，兴建华中大学教授公寓。当年这块土地上相邻生长着两棵大树，一株为朴树，一株为榆树，它们枝繁叶茂，郁郁葱葱，在周围的杂草森林中格外显目，于是决策者和建设者们决定依树筑房，让大树在夏天能挡住部分阳光。

朴园最先入住的是一位在校任教的美国人。抗日战争期间，这里一度成为日军的宪兵司令部，朴园房内也被改成了推拉式门廊。1946年秋，钱基博受韦卓民校长之邀，前来华中大学文学院任教，此后一直居住在朴园教书治学，直至 1957 年底去世，公寓也因此得名"钱基博故居"。

六、花园山牧师公寓

花园山牧师公寓位于花园山半坡之上（昙华林 95 号），建于 1920年，二层砖木结构，平面对称布局，均等五开间，欧式大坡度红瓦四坡顶，主墙面为灰红两色相间的清水砖外墙，外廊十分通透，采用连续性平券拱及砖柱加以等分，阳台、老虎窗、柱头等细部颇具欧式风格。整栋建筑设计精美，比例均衡，色彩鲜丽、施工细致，古朴典雅。2009年，建筑在保留原有结构和内部陈设的基础上，被改造为极具文艺气息

朴园和榆园（麦小朵绘）

花园山牧师公寓（麦小朵绘）

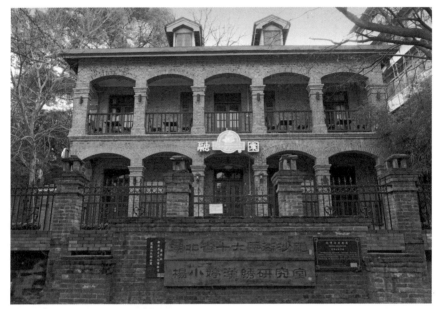

图 5-7 花园山牧师公寓

的融园咖啡馆。2011 年，花园山牧师公寓被公布为武汉市文物保护单位，同年，在此增开汉绣基地暨杨小婷汉绣研究室。

七、天主教鄂东代牧区主教公署

天主教鄂东代牧区主教公署位于武昌花园山 4 号，建于光绪八年（1882 年），由享有"建筑大师"美誉的意大利传教士江成德设计并监督施工，在 1923 年之前，一直是天主教鄂东代牧区的权力中心，1983 年改为中南神哲学院。

公署所在的花园山一带，原是明初坐镇武昌的楚昭王朱桢的第五子朱孟炜的王府花园，清代时产权归刘氏家族所有，俗称"刘家花园"。光绪六年（1880 年），鄂东代牧区主教明位笃将花园山从刘氏手中购得，请江成德设计监造主教公署，两年后建成。

　　同年，明位笃主教就从武昌候补街的主教临时公署搬进这座大楼，标志着主教公署作为鄂东天主教权力中心的开端。这是一栋规模比较宏大的砖木结构建筑，坐北朝南，依花园山地势而建，地上二层（局部三层），地下一层。建筑布局呈凹字形，十分对称，正立面三段式，中部稍稍突出，顶部有巨大的三角形的饰墙，正中嵌有自鸣钟（极大地方便了当地居民），与相隔不远的圣家大堂（花园山天主堂）遥相呼应。公署一楼有内廊，中间五开间呈外方内拱顶形，以高高的台阶与地面相连，左右两边呈拱顶形，净空超过 4 米。二层的窗口除中间一扇呈拱顶形外，其余均为方形，净空低于一层。

图 5-8　中南神哲学院

主教公署的左侧设有鄂东代牧区的大修院，即被誉为"教区之母"的崇正书院，整个主教公署即是在书院旧址上营建的。1921 年，崇正书院被改为"两湖神哲学院"，1922 年被迁往湖北荆州。但此后，武昌花园山的主教公署旧址仍保持其办学传统。后来，主教艾原道在原址开办了教区小修院，称"武昌圣安多尼小修院"，至 1948 年秋湖北省成立"圣安多尼联合中修院"后停办，共招生 400 余人，培养出的神父就有 13 人。

明位笃主教入住公署一年后去世，由公署设计者江成德继任主教。江成德大修教堂和兴办学校，先后修建了武昌花园山天主堂（圣家大堂），扩建了汉口天主教医院，并在院内创办成德医学堂，设立孤儿院，修建柏泉方济各会会院和教区小修院，在武昌创办养老院，开办英法语专科学校。他在任的 25 年，是武汉天主教最为辉煌的时期。在他去世时，全区教友由原 9900 人增加到 18016 人，中外传教士达 36人。光绪三十二年（1906 年），江成德年老休养，由意大利籍方济各会会士田瑞玉代行主教职责。田瑞玉于宣统元年（1909 年）7 月 24 日正式继任主教，他继续修建教堂和开办学校、医院，并在辛亥革命期间为革命军提供伤病救治。

1923 年 12 月，罗马教皇发布教谕，将鄂东代牧区划分为汉阳、武昌和蒲圻三个监牧区。田瑞玉遂将鄂东代牧区的主教公署迁至汉口，将教区改名为汉口代牧区，并于当月逝世。此后，原武昌花园山主教公署大楼被降格为武昌监牧区监牧公署，由美国方济各会会士艾原道主持。艾原道于 1924 年协办圣约瑟医院（今湖北中医附院），1928 年开办育婴堂（现市育幼院）。1930 年 7 月，原公署大楼升为武昌代牧区主教公署。1940 年，艾原道主教逝世，由美籍传教士郭时济（Casimir Rembert Kowalski, O.F.M.）继任。1946 年，公署大楼升格为武昌教区主教公署。1951 年，因"花园山育婴堂事件"，郭时济主教被捕关押，于 1953 年被驱逐出中国，此后花园山天主教区由中国籍神职人员任代主教。

1983年10月，中南6省区天主教会在主教公署旧址联合开办了"中南神哲学院"，学院至今仍在为教会源源不断地输送人才。现在的主教公署产权归武汉市武昌区民族宗教事务所所有，作为中南神哲学院的综合楼使用，已于2010年进行了全面修缮。

八、花园山天主堂（圣家大堂）

花园山天主堂是天主教鄂东代牧区主教公署的一部分。光绪十五年（1889年），江成德在主教公署右侧原小教堂（圣家小堂）基础上设

图 5-9　花园山天主堂

计建造新的主教座堂,光绪十七年(1891年)主体工程完工,1892年12月17日正式开放。因教堂的主保是圣玛利亚、圣约瑟和耶稣一家,故其内部堂名被定为"圣家堂",为别于此前的圣家小堂,故一般被称作"圣家大堂"。该建筑系罗马巴西利卡式风格,砖木结构,坐北朝南,气势恢宏,做工精良。

建筑的正立面呈对称状,四根贴墙立柱,柱头支撑宽阔的檐部,顶上是巨大的山花,中间位置竖写"天主堂"三个大字,两旁各开设一个不大的三角形窗口,极为别致。主入口双层拱券,其上开一玫瑰花窗,给人以方圆搭配、相互生辉的美感,中心安置了一架精巧的西式日晷来观测太阳倒影进行计时,与旁边的公署大楼三角形山花及自鸣钟遥相呼应,这种在教堂正立面显要位置上安装仿古计时器的做法,在国内外都十分罕见。教堂的外墙十分厚重,且入口离地面很高,极具罗马风格。

礼拜大厅宽敞空阔,可同时容纳500名教徒祈祷。堂内北端为圣体主祭坛,内空高达20米,大堂四壁均饰有巨幅油画圣像,共八幅,天花板上镶有各种图案,雕工精致,富丽堂皇,全部为金箔镶嵌。"文革"前夕,因本堂神父组织教友用竹席等障碍物进行了遮挡,后来天主堂改为工厂也没被人发现,才得以保存至今。

花园山天主堂自建成之日,即为鄂东代牧区主教座堂。1951年初,原设在武昌文学中学内部的圣安多尼联合中修院全部迁入花园山天主堂内,但修生仍在文学中学内上课。1952年,中修院被政府接管后,修生改为在花园山天主堂上课,直至1960年初停办。

1983年10月,圣家大堂被修复一新,恢复了宗教活动。现在武昌天主堂的产权单位为武汉市天主教爱国会,教堂于2009年得到修缮后,仍作为宗教场所使用。

花园山天主堂（麦小朵绘）

九、瑞典教区

瑞典教区是附近居民对"瑞典行道会华中总会旧址"的习惯称呼，位于武昌昙华林中部（昙华林 88、89、95、97、107、108 号），始建于光绪十六年（1890 年），是一组典型的北欧风情建筑群落。砖木结构，二至四层，外柱廊采用券拱式，屋面的老虎窗、外墙窗和柱廊装饰华丽，极具欧式古典主义风格。屋面的处理带有明显的北欧地域特色。其中的瑞典领事馆两层均为圆拱券廊，外墙为假麻石粉面，四面坡顶覆盖红平瓦，是武昌历史上唯一的一个外国领事馆。

该教区是基督教瑞典行道会于光绪十六年（1890 年）开始在武汉建设的传教基地。教区建有主教楼、教堂、神学院等建筑，并设有学校。瑞典行道会属基督教北欧信义宗，创建人是弗兰斯·艾德华尔德·路德。该宗因主张"因信称义"而得名，由于"因信称义"最早是由马丁·路德在倡导宗教改革时提出的，所以信义宗也被称为"路德宗"。该会在华设湖北和新疆两处传教区。

1890 年 12 月 25 日，该会的传教牧师韩宗盛等 4 人抵达武昌昙华林，开始了该会在湖北的传教活动，除管辖湖北省内沙市、黄冈等区会外，同时还管辖周边省份的庐山、鸡公山、洞庭湖等区会。由于湖广总督张之洞采取保护教会的政策，因此在最初的 10 年内，该会就已建起 3 个传教站和 7 个布道点，发展学员及教徒 300 多人。与此同时，他们在昙华林中段的螃蟹岬南麓兴建了大片花园洋房，包括教堂、学校、诊所、办公楼和住宅等，形成一定的建筑规模，瑞典行道总会华中总会遂在此设立。另外，该会在武胜门正街（今得胜桥中段）还兴建了基督教武昌真理堂和真理小学。

1938 年初，瑞典行道会的传教士夏定川牧师被派来昙华林。夏定

图 5-10　瑞典教区中的一栋建筑

川除传教士身份外，还是瑞典驻武汉领事馆领事，他到任后立即将瑞典
驻武汉领事馆从汉口迁到了瑞典教区大院内。抗战期间，夏定川利用瑞
典行道会作为中立国的教团组织的性质，曾在昙华林的行道会上方安排
彩绘了许多大型的瑞典国旗图案作为标识，以此躲避交战双方的飞机轰
炸，一批中国百姓也因此得到了保护。同时，他还通知所属的各区会以
同样的方式来保护中国老百姓。

　　武汉沦陷后，瑞典行道会为顺变求存，率先参加了日军组织的所
谓"华中基督教团"，并以中立国身份在昙华林挂起了"华中基督教团
瑞典行道会"的牌子。主任牧师夏定川不仅主管本会会务，还代理本国
驻武汉的领事，兼代理欧美各国在武汉与日本侵略军之间的有关外交事
务。在太平洋战争爆发后，英美对日宣战。1942年夏天，滞留武汉的

英美等交战国人员全部被日军解送往上海集中营，武汉三镇只留下了两名外国人。汉口留的是基督复临安息日会的德国传教士艾方伯，武昌留的则是瑞典行道会的瑞典传教士夏定川。

武汉解放后，夏定川再次以中立国外交官的身份，全权代理英美等国人员撤离武汉后所遗留的各种领事级外交事务。因此，坐落在昙华林瑞典教区的瑞典驻汉领事馆成为最后一家闭馆的外国驻武汉领事馆，夏定川为武汉近代的领事级外交史画上了一个圆满句号。

2005 年 4 月，26 位瑞典牧师远渡重洋，来到武昌昙华林，走访参观了这片他们的先辈建造的瑞典教区旧址。让他们感到欣慰的是，除教堂被拆毁外，这里仍然保存着主教公署、瑞典领事馆和神职人员用房、育孤院和真理中学老斋舍等一大批覆盖着大红屋顶的北欧老建筑。

从 2015 年 11 月开始，瑞典教区旧址 15 栋建筑内的 400 多户居民，陆陆续续被全部迁出，对旧址 3.7 公顷范围进行保护性开发利用，现已基本完工。

十、嘉诺撒仁爱修女会礼拜堂

嘉诺撒仁爱修女会礼拜堂，位于武昌昙华林花园山 4 号、湖北中医药大学教职员宿舍的背后，原是天主教国际性修会嘉诺撒仁爱修女会的礼拜堂，教内称"嘉诺撒仁爱修女会武昌会堂"。该礼拜堂是武汉唯一尚存的修女礼拜堂，20 世纪 50 年代后期作为湖北省中医学院附属学院的库房使用，2005 年得到修缮，现由私人承租，用作艺术馆。

礼拜堂建成于光绪十四年（1888 年）复活节，由鄂东代牧区江成德主教设计并监督施工，是典型的欧洲古典建筑，坐西朝东，为长厅式单层砖木结构，面积 130 平方米。建筑平面布局及立面均采用中心对称式手法，外立面拱券门、窗、线条、檐口等的处理都散发着浓郁的西方

嘉诺撒仁爱修女会礼拜堂（麦小朵绘）

图 5-11　嘉诺撒仁爱修女会礼拜堂

宗教气息，墙面装饰朴素典雅。堂内以复活的耶稣为主保（供奉像），礼拜堂两侧为圣约瑟与圣母玛利亚像。

　　嘉诺撒仁爱修女会系国际性修会，于 1806 年创立于意大利。同治七年（1868 年）湖北代牧区明位笃主教从意大利邀请修女来武昌参加医疗服务。首批来汉 6 人，以后逐年增多，最多时达到 40 多人。她们在武汉主持并服务于医院（汉口天主堂医院）、学校（安多小学、圣若瑟女中、玛利亚外侨子女学校）、育婴堂、孤儿院、养老院等，并在花园山发展中国训蒙修女会。光绪十四年（1888 年），嘉诺撒仁爱修女会在武昌候补街花园山购置土地，创建修女会分院，开办育婴堂、教理班、工艺所等公益事业，遂建修女居住区和修女会礼拜堂。

　　1926年，嘉诺撒仁爱修女会迁往汉口，礼拜堂由圣约瑟善功修女会主持。1948年底，圣约瑟善功修女会的美国修女回国，宗教活动终止，礼拜堂由中国训蒙修女会的修女散居。1951年政府接管花园山教区，此礼拜堂不再作为教堂使用。教堂背后还有一处小型天文台的遗址，由天主教武昌监牧区监牧、美国传教士艾原道在1930年修建，武汉沦陷时被毁，仅余残垣。

图 5-12　天文台残垣

十一、基督教崇真堂

在昙华林街区的花园山北麓，有一条呈东西走向、平行于昙华林的街道叫"戈甲营"。戈甲营东段北折与昙华林西段相接，西至得胜桥，全长290米，宽3~4米，是一条清代古巷，因是守城部队驻地兼兵器库，故得此名。基督教崇真堂位于戈甲营44号，是典型的哥特式建筑，建于同治三年（1864年），是英国基督教伦敦会来汉之初建立的一座小教堂，虽仅可容纳200多人做礼拜，却是武汉现存最早的基督教堂。1924年改建后，可一次容纳500人做礼拜。

这是一座哥特式教堂，单层砖木结构，坐北朝南，平面呈拉丁十字形，西面带有花园，西北角为牧师居住的双层小洋楼。门窗为明显的哥特式尖拱并向内收，上嵌彩色玻璃。中式两坡屋顶，木构架人字梁为后来改建。

该教堂由英国基督教伦敦会传教士杨格非（Griffith John；1831—1912年）创建。杨格非于咸丰五年（1855年）来华传教，咸丰十一年（1861年）来汉，成为华中地区的基督教（新教）传入第一人。此后五十年，他一直致力于华中地区的基督教传播事业，其间仅回国三次，被誉为"华中宣教之父"。武昌首义爆发后，杨格非离开汉口，1912年1月返回英国，不久病逝。

杨格非崇尚自下而上的传教方式，经常走到街上向民众布道，又因其刚到汉口，没有固定布道地点，只能选择一些公开场地，聚集群众前来听讲，故被称为"街头传教士"。

基督教崇真堂是武昌的第一座基督教堂，也是杨格非向武昌传教的第一个据点。同治二年（1863年），杨格非曾前往武昌，和当地官府交涉购买城北地皮以修建教堂，但遭到官府和民间的联合阻挠。杨格非深知在湖北省城武昌成功传教对于整个长江中游地区基督教传播的重大战略意义，于是，他委托包廷璋等信徒向武昌官府频频提出建堂申请，又请汉口宝顺路（今天津路）的英国驻汉口总领事帮忙与当地官府交涉，终于在1864年7月获准在武昌戈甲营购地建堂，这标志着湖北乃至华中地区正式向基督教全面开放。

1865年，崇真堂开堂，首任堂牧即申请建堂有功的包廷璋。此后虽不断有外籍传教士常驻，但该堂堂牧始终由华籍牧师担任，这在武汉近代基督教史上具有特殊意义。

1951年，堂牧曾宪猷牧师在崇真堂成立"三自"革新学习会武昌支会，该堂成为武昌的"三自"学习中心之一。1958年实行联合礼拜后，崇真堂的宗教活动全面终止，被改为新华造纸厂的仓库。2000年教堂内外被修缮一新，恢复了宗教活动。

十二、仁济医院

仁济医院位于武昌区花园山4号，是近代西方医院传入武汉后保存完好的医院之一。

仁济医院由英国基督教伦敦会杨格非牧师主持修建。杨格非于1864年来到武昌传教，建造了武昌戈甲营礼拜堂，后又办了义塾和诊所。1868年，义塾、诊所迁至昙华林并加以扩建，1883年诊所改名仁济医院，1895年扩建成现状建筑群。

该院由5栋建筑构成，均为二层砖木结构，由连廊连接，既相互联系，又相对独立，其中4栋建筑加上连廊围合成两个院落。建筑功能分区明确，包括门诊部和住院部，还有其他辅助用房。门诊部为四面坡屋顶，平面矩形。上下四面围廊，底层回廊由连续的罗马券构成，上层由简化的多立克柱划分，正立面大门两旁各有一个圆圈标示纪年，分别写

图 5-13　仁济医院（刘建林摄）

着"1895"和"1951"字样，表示该院 1895 年扩建，1951 年维修，东侧有天桥与住院部相连。住院部为红瓦坡屋顶，平面马蹄形。中间是下沉式庭院，四周设有回廊，回廊采用通高券拱式，饰以浮雕。内部均采用木构件，木楼梯设于正中门厅内，设有多处壁炉。

　　辛亥首义期间，武汉美国圣公会的吴德施（鲁兹）主教责成教会下属的武昌文华中学校长余日章组建红十字会，将花园山武昌仁济医院改为临时伤兵医院，救治在战斗中负伤的军民，同时收容赈济战区灾民，当时院内常有伤兵 200 余人。1931 年水灾，英国伦敦会在院内设立武昌赈灾指挥部。武汉沦陷后，日寇占用这里作为日军医院。1953 年，医院由武汉市卫生局接管，一部分并入武汉市工人医院，后划属湖北省中医医院，2005 年完成全面整修。

十三、武昌首义十八星旗的来历地和制作地

武昌首义十八星旗的来历地和制作地位于昙华林 32 号，是当年首义志士刘公租住的一栋独门独院的欧式洋楼，坐北朝南，前门在昙华林，后门抵戈甲营。入口处为水磨石制石库门，外墙两边各有系马铁环。建筑为二层砖木结构，青砖清水墙，马蹄形平面。内为二进中式院落布局，前为中西合璧二层洋楼，后为 V 字形布局建筑，前庭与后院均设有空中观景走廊。主入口为凸出门斗，门斗上是科林斯立柱支撑的

图 5-14　刘公馆大门

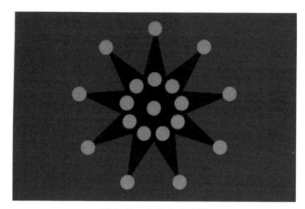

图 5-15　九角十八星旗

阳台，阳台栏杆等也极具欧式风格。正立面上方是高耸的山花，较为华丽。整个建筑规模较大、风格简洁。

洋楼约建于 1901 年，辛亥元勋刘公曾于 1911 年租住此楼，并领导赵师梅、赵学诗、陈磊等湖北中等工业学堂的三位青年学生，成功设计制作了辛亥革命军旗——九角十八星旗。历史资料显示，民国黄版地籍图标明，当时该楼房主是李滁川，抗战前夕沦为汉奸李芳私产，抗战胜利后又被国民党军警大头目张广霁霸占（产权仍归李芳），武汉解放后被湖北省军区政治部接管，至今仍住有部队家属，长期闭门谢客。

刘公（1881—1920 年），原名刘湘，其家乃清末襄阳三大富室之一，号称"刘百万"。光绪二十八年（1902 年），东渡日本求学。1905年秋，协助孙中山创立同盟会，并在《民报》出版时捐五千两银票，孙中山为此还给刘公父母写下字据，承诺革命后一并归还。1906 年萍浏醴起义，奉孙中山之命回国，积极准备响应，未成功又赴日本。1907年 3 月，与张伯祥、邓文翚等在日本成立"共进会"，积极谋划在长江腹地举事，后被举为第三任会长，于 1910 年 7 月回国。

当时，湖北革命团体的经费大多靠自己筹集，其中文学社的经费主要靠士兵在每月饷项中捐输；而刘公所在的共进会则主要仰仗军人以外的会员提供经费。随着起义临近，费用日增，共进会的活动经费更加捉襟见肘。刘公遂在其家族中周旋运作，以捐道台的名义，向家里几房长辈筹措两万两银子。1911 年 7 月，为解决革命经费的困厄，刘公拖着病体，携带先期筹到的一万两银票赶到武昌，交与共进会作革命经费。李作栋、彭楚藩等革命同志也手下留情，只收取了五千两，以为用到起义足够了。不过最终刘公剩下的五千两和此后家中汇来的一万两银子也都用在了革命事业上。

正是有了刘公的这笔捐款，共进会和文学社联合之后才有经费进行一系列起义准备工作。如在武昌增开秘密机关，以便革命党人交通接洽；在汉口租房秘密制造炸药；派居正、杨玉如到上海迎接黄兴、宋教仁并托陈其美代买手枪和子弹；印制中华银行钞票；赶制旗帜文告；派遣同志四处联络响应，等等。

除正卫街刘公馆（即今昙华林 32 号）外，刘公还另租城北雄楚楼 10 号一独栋（今已不存），邀请杨玉如夫妇同住，刘住楼上，杨住楼下。门前左书"度支部刘"，表示系京官眷属；门右书"古复杨寓"，以杨在报上作文，笔名古复子，表示系新闻记者，以免军警注意。不过刘公并不在此常住，平常只留下其革命伴侣刘一（李淑卿）居此以掩人耳目，以便在楼上召开特别会议。但在第三次全国文物普查中，工作人员据杨玉如文章，将雄楚楼 10 号定为武昌首义十八星旗的来历地和制作地。

杨玉如于 1911 年 5 月至 9 月，为共进会、文学社的联合而往来奔波，9 月 25 日前往上海，10 月 4 日回到汉口，并未回到武昌家中，翌日即赶往京山，直至 10 月 16 日方知武昌首义爆发的消息，很可能不甚了解九角十八星旗制作的来龙去脉，误以为其制作地点就在雄楚楼 10号；加之其着手撰写《辛亥革命先著记》时已是 1953 年春，对此事的记忆也可能出现偏差，以致造成了文物部门的错划。幸有刘公后代和赵师梅、赵学诗及其后代的回忆文章和口述，言之凿凿，确认当年的正卫街刘公馆就是武昌首义十八星旗的来历地和制作地。

1911 年 7 月的一天，刘公将就读于湖北中等工业学堂（遗址在今昙华林武汉第十四中学内）的赵师梅、赵学诗、陈磊（陈潭秋的五哥）等三名共进会学生骨干邀至正卫街寓所，向他们郑重布置了秘密放大二十面十八星旗作为首义之旗的光荣任务，说明了尺寸要求，阐明了图案含义：红地和黑九星象征"铁血"，武力革命，"驱除鞑虏，恢复中华"；黑九角星内外角的 18 颗金黄色圆星，代表关内 18 省，黄色表示为炎黄子孙。此外，他还一再嘱咐："要严守秘密。"

赵师梅等人此后每天下午放学后就赶到正卫街刘公馆吃晚饭，饭后便埋头苦干，直到深夜才回到土司营（今昙华林棋盘街中段）的租赁房中休息。他们首先将样旗做成纸型，得到刘公认可后，再在红、黄和黑色布片上依样放大裁剪。为解决染色问题，刘公还派人到武胜门正街（今昙华林得胜桥北段）刘天保药房购买了藤黄等颜料，回到公馆内秘密染色。在不到 1 个月的时间里，他们即完成了十八星旗的绘制、放样与裁剪任务。

此后，经共进会骨干邓玉麟介绍，赵师梅等人在武胜门外找妥了一家同情革命的赵姓裁缝。赵裁缝每天店铺打烊后秘密缝制加工，直到起义前半个月，仍有两面未能最后制成。赵师梅等人遂将做好的十八面义旗先送至武昌紫阳湖西岸的小朝街（今紫湖村）总指挥部。后来，旗子又被移送至汉口宝善里 14 号共进会机关存放。

但没料到的是，1911 年 10 月 9 日下午，正在汉口宝善里共进会总部的孙武在秘密制作炸药时不慎引发爆炸，招来了俄国巡捕。同在事发现场的李次生（民国后改名"赐生"）同志当机立断，顺手拿了一面九角十八星旗为孙武包扎，之后背起孙武紧急转移。另外十七面旗和有关文件、书信和名单则被搜走，这导致赵师梅、赵学诗等大批革命党人被清军抓捕，直到武昌起义爆发，赵氏堂兄弟才趁负责关押的警察逃逸，砸开牢门，参与起义。

10日清晨，李次生又将为孙武裹伤的九角十八星旗密缠腰间，渡江联络武昌同志迅速举义。革命军兴之际，李次生高举这面沾染了孙武同志鲜血的九角十八星旗由千家街向楚望台进发，随后他又选派几名同志要将旗插入蛇山之巅，可惜因蛇山土质太硬，只得改插湖北咨议局门前。

11日中午，在鄂军都督府（即原湖北咨议局）第一次会议上，九角十八星旗被定为正式开国后的国旗，而此时革命军手中再无一面义

图 5-16 起义军占领武昌后的警钟楼，仔细看，楼顶有一个旗杆

旗。幸亏邓玉麟、蔡济民找到了赵师梅，这才得知还有两面未完工的十八星旗。于是他们立刻前往赵姓裁缝店寻找，可惜已是人去店空。又经多方打探，终于找到了在外避乱的赵裁缝，几人急忙赶去取回最后两面十八星旗，终于在当日午后，将逃过劫数的两面旗子分别竖在了汉阳门城楼和蛇山警钟楼上。九角十八星旗终于飘扬在了武昌城头，昭示了武昌首义的成功。如今，在改造一新的首义广场中心地带，建有一座以十八星旗为图案的大型花坛，以纪念铁血敢为的首义精神。

十四、石瑛旧居

出昙华林 32 号左行，右拐穿过一条两侧居民楼相夹的小巷，就可以看到一条小街，即"三义街"，街对面有一个铁门砖墙的院落就是"石瑛旧居"。

石瑛(1879—1943年12月4日)与严立三、张难先并称"湖北三怪"，湖北阳新人，光绪二十九年(1903年)考中举人，但感念国势日削月割，毅然放弃进京考试的机会，转而游学武昌，进入文普通学堂学习，随后与田桐、居正、张难先等革命青年结交，颇受进步思想影响。

次年，石瑛参加张之洞举办的官费留学考试，被选送欧洲留学，初至比利时，后入法国海军学校，最后转投英国伦敦大学，学习铁道工程。1905年，石瑛等人在孙中山的指示下创办了中国同盟会欧洲支部。辛亥革命爆发后，孙中山闻讯立即前往英国开展外交活动，石瑛跟随左右，并在任务完成后护送孙中山登船归国。石瑛晚孙中山三天抵达上海，立即投身反清事业，曾指挥北伐新军舰队与清廷海军交战，后经孙中山特派，总办全国禁烟事宜。1912年回武昌主持同盟会湖北支部，年底加入国民党，并当选为湖北省议会议员与国会众议院议员。1914年，因不满袁世凯窃取革命果实，支持李烈钧在江西湖口起事，失败后

石瑛旧居（麦小朵绘）

图 5-17　石瑛旧居主楼

遂再赴英国留学，进入伯明翰大学，学习采矿冶金，获硕士学位。1922年回国，任北京大学教授，1924年被推选为国立武昌大学校长。

1928年，石瑛出任湖北省建设厅厅长，随后购买了位于武昌旧城东北角的两间旧基地和一个废旧祠堂，改造为用于家人居住的院落。起初，石瑛只建了一层平房。后在老友王世杰、周鲠生等的劝说下，又请汉协盛营造厂进行加层设计、施工，所欠房款一年后才还清。此后，又经过一段时间的积蓄，建成后宅，最终形成由前后两栋楼房组成的小院落。

前栋主楼是中西合璧的清水红砖墙二层砖木房，后栋副楼则沿明代古城墙依山而建，貌似二层，实为一层。石瑛曾留学欧洲多年，遂将欧洲建筑艺术引进了自己的宅院。主楼是欧洲 19 世纪常见的别墅形式，采用的是一主二副三房组合的格局。主屋与东西两副屋之间用隔断墙连接，并形成了合院和天井，小楼因此也具有了中国传统建筑的风格和韵味。室内的大壁柜和 4 米高的净空显得西化洋气，而简洁的门饰、清水墙的立面、宽大的百叶窗等细部的简单处理又凸显了房主追求的朴实。

这里是石瑛一家在武汉唯一的住房，石瑛于 1928—1930 年和 1937—1938 年在此居住。在此期间，这处中西合璧建筑见证了中老年石瑛的许多精彩光辉时刻。

在担任湖北省建设厅厅长期间，石瑛兴利除弊，在交通、水利、农林、工商等方面均有建树，还参与筹建武汉大学，并于 1929 年接受王世杰校长的邀请，毅然辞去地方要职，出任武汉大学工学院院长。在武大教学期间，石瑛提倡学以致用，重视实习，树立刻苦好学的新风尚。

1937 年抗战军兴，南京国民政府西迁重庆，石瑛回汉与何成浚、严立三、张难先等人组成新的湖北省政府。值此国家危难之际，湖北"三杰"勠力同心，积极为抗战效力。

当时的武汉已成抗战中心，中共中央代表团和八路军南京办事处迁来武汉，八路军武汉办事处也已设立。根据中共中央关于发动群众，组织群众进行持久抗战的战略方针。在汉共产党人计划在湖北和武汉等地举办训练班，培训敌后游击队骨干。石瑛采取了积极合作的态度，协助董必武、陶铸等人开办汤池训练班，为建立鄂豫边区抗日游击根据地，为新四军第五师培养了一大批骨干力量。训练班办到后期经费发生了困难，石瑛不顾自己日后战争期间的生活，常将私人存款汇给训练班。1943 年 12 月 4 日，石瑛在重庆病逝，弥留之际仍念及国家民族安危。

2002 年底，石瑛旧居在武昌区危房改造中遭到拆损，幸得新闻媒体及时披露，省人大代表和省政协委员多次呼吁，省、市领导亲自过问，才转危为安，并得以按照历史原貌就地修复。2008 年 3 月，湖北省政府公布石瑛旧居为湖北省文物保护单位，险遭拆毁的石瑛旧居终于得到了应有的文物保护地位。

十五、徐源泉别墅

徐源泉别墅位于昙华林 141 号，建于 1930 年前后，现存 3 栋建筑，曾是民国时期著名军人、实业家徐源泉的居所。其中甲栋为主楼，是一座典型的西式双层别墅洋房。水泥凹痕涂层，左右八角形立面，直角门窗框架，六步石阶进入门厅，门厅以两根罗马立柱支撑，柱头上有雕塑

图 5-18 修缮后的徐源泉别墅甲栋

图 5-19　修缮后的徐源泉别墅乙栋

繁复的卷叶草花饰。侧面是红砖清水外墙，几个小凉台与漂亮的铁花栏杆点缀着房屋。乙栋为中国传统风格砖木结构单层建筑，南面庭院内现存两株广玉兰和两株桂花树。丙栋为中式砖混结构庭堂建筑，山坡上建有琉璃瓦六角亭，三处建筑保存较好。

徐源泉（1886—1960 年），又名克诚，湖北黄冈仓埠（今属武汉市新洲区）人，出身耕读世家，幼年丧父，二十岁时随族叔至安徽投军，并入随营学堂学习，后进入南京陆军讲武学堂，1910 年 7 月毕业，任南京陆军第四中学教官。当年秋，武昌首义爆发，清廷唯恐南京新军变乱，遂派遣张勋的部队包围陆军第四中学，搜捕师生中的革命分子。为保证教职员工的生命安全，校方决定解散师生，令各自暂且归乡。徐源泉和一部分同学由江苏返回湖北。回汉后，徐源泉在武昌召集学生军

300 多人，自任队长，连夜渡江到汉口，在大智门火车站与清军激烈交战，后又参加了琴断口、蔡甸以及坚守阳夏等战斗，为辛亥革命的胜利立下了汗马功劳。1912 年 1 月，徐源泉被孙中山任命为陆军部参谋长。不久后，他远赴上海，参加光复军，继续革命战斗。

此后十余年间，徐源泉在军阀混战中摸爬滚打，渐渐闯出了声望。1928 年，时任奉军第六军军长的徐源泉被蒋介石收编。1929 年，徐源泉率所部四十八师回防湖北，此后参加中原大战，因战功晋升为第十军军长。

在此前后，徐源泉修建了位于武昌昙华林的别墅。1931 年，他又为其母亲和发妻修建了仓埠老家的公馆，此后还在老家兴办了正源小学（初名仓溪小学）和正源中学（正源中学校舍一度为湖北革命大学分校的校舍，现为新洲二中），为家乡的贫苦学生创造了读书的机会。

另外，在湖北驻军期间，徐源泉也开始利用军权开展商业和工业活动，在沙市、汉口和湖南沿江设码头，发展内河航运，还在汉口、汉阳开设工厂、银行、公司，成为民国时期著名的军人实业家。

抗战胜利后，徐源泉于 1946 年退出军界，回到武汉，住在昙华林别墅，全身心地经营实业，支援家乡建设。1949 年，徐源泉感到国民党大势已去，遂逃往香港，后又去了中国台湾地区。

十六、翁守谦故居

翁守谦故居位于武昌区昙华林 75 号，建于光绪二十一年（1895 年）前后，原是湖广总督府官员萧功庭的宅院，1912 年转入曾在北洋水师任职的翁守谦名下。

该建筑为中西合璧的两层砖木洋房，石库门，斜坡大屋顶，连续券廊，中国传统民居院落式布局。建筑的细部、柱头、线条及外廊等

图 5-20　翁守谦故居

则采用欧式手法。麻石台阶，底层入口为两个高大半圆形拱门，二层为四个半圆形拱窗，一、二层门窗之间有壁柱贯通划分，正立面素雅简朴。

翁守谦是福建人，家底殷实，一家子弟十二人先后考入福州船政学堂，毕业后进入北洋福建水师。中日甲午海战兵败，翁氏兄弟十二人除翁守谦外尽皆战死，几乎灭门，至今威海北洋水师忠烈祠还立有"超勇"号大副翁守瑜的牌位。翁守谦因此心灰意冷，一心向佛。朝廷得知后极为震惊，随即将翁守谦接来京师封赏任职。1912 年，清帝逊位，翁守谦既不习惯北方的气候，也不忍心再回福建老家，于是举家迁来武昌，购置三义村（今三义街）、昙华林两处房屋，今仅存昙华林一处，现为萧兰刺绣馆，原有结构及形式均有较大改变。

另据与翁氏后人相熟的武汉文史专家刘谦定先生告知，翁氏在甲午战后即购置此房；翁氏笃信佛教，定居昙华林的主要原因就是看重当地浓郁的佛教氛围。

十七、汪泽旧宅

汪泽旧宅位于昙华林太平试馆 4 号，建于 1910 年，原为国民党第九十七军副军长汪泽的住宅。旧宅属典型的四水归堂式古江夏民居，二

图 5-21　汪泽旧宅

汪泽旧宅内景（麦小朵绘）

层砖木结构，二坡屋面，机制红瓦，清水青砖外墙，面阔三间，进深三间。石库大门，上部有山花式门楣，背面有"福"字方匾，天井上方为三面环绕雕花栏杆，靠前为雕花屏风。建筑中心为厅堂，通高两层，房间环绕厅堂布置。整栋建筑保存较好，2013年汪家后人将此房产转让给武昌区房产公司。此后建筑得到修缮，开设"大武汉昙华林创意工作室"。

汪泽（1903—1984年），湖北应城人，22岁考入黄埔军校第三期，在校期间加入国民党。1949年12月初，因第九十七军军长蒋端翊弃军去台，汪泽遂以副军长的名义执掌全军。12月14日，第九十七军被解放军缴械，汪泽被俘，经过改造后放归原籍务农。1982年6月被特邀为政协应城县第一届委员会常务委员。

红楼

一、武昌起义军政府旧址（红楼）

武昌起义军政府旧址，全称"武汉辛亥革命武昌起义军政府旧址"，位于武昌蛇山南麓的阅马场北端，西邻黄鹤楼，北倚蛇山，南面首义广场，占地面积 20000 多平方米，建筑面积近 10000 平方米。因旧址主楼为红砖砌筑，故被称为"红楼"。其地原为清朝绿营旧址；咸丰三年（1853 年），太平军攻克武昌后，曾在此举行进军南京的誓师大会；宣统元年（1909 年），被选中建造湖北咨议局大楼，当年 12 月开工，次年 9 月完工。

咨议局的布局基本按照中国传统庭院排列。咨议局议场（即会议场所，供议员开会办公之用）作为主体建筑，面南背北，坐落在庭院正中。议场正南以装有铁栅的红墙围院。红墙正中为铁铸院门。门前左侧镶嵌大理石文物保护标志，上刻"武昌起义军政府旧址"九个金色大字，为国母宋庆龄亲题。院门两侧各有一四坡尖顶门房。栅栏低矮，院落宽敞，展示其开放的形象。院落东西两侧各有一排平房（现已改造为二层）。议场北面是议员公所，供开会期间议员们食宿之用，这是根据当时中国交通不便的现状，突破西方议院不在议场周边集中居住惯例的

图 6-1 俯瞰红楼

权宜之计。公所紧倚蛇山，由四栋二层红色楼房组合连接而成，平面呈回字形，东西长约 110 米，南北宽约 50 米，建筑风格与议场相同，但做工较议场逊色不少。

咨议局议场的建筑形式完全仿照近代西方国家的议会大厦。花岗岩石基，墙面装饰有柱斗、垂花、束莲等图案花纹。屋顶为红瓦，正中有圭形（原为穹隆顶式，1911 年毁于战火）教堂式望楼。大楼主体为二层砖木结构，东西走向，面阔 73.48 米，进深 34.5 米。墙体砌以特制红砖，平面呈山字形，门廊突出，长 12.3 米，深 5.3 米，两侧设回车道，前设宽大石阶上下。进门为门厅，门厅空间高旷，正中每面设三拱券门，通透至顶，12 根廊柱支撑起 9 个门洞和 4 面天窗，极为开敞明亮。

门厅后为方形会场，主席台坐北朝南，台下设 96 个座位，置弧形朱漆长桌和黑色软皮靠椅，座位和长桌逐层升高，呈扇形排列。1912

武昌起义军政府旧址（麦小朵绘）

图6-2　红楼内景（刘建林摄）

年4月13日，孙中山曾在此发表慷慨激昂的讲演。

大楼其余部分为办公用房，每个房间都采取前后双面开门，由房前、房后设置的四通八达的外、内走廊连通，内走廊两端设楼梯上下；走廊亦两面开窗，一面是办公室，一面是后花园，匠心独运的设计大大增强了大楼的进深感和神秘感。门窗、壁炉和办公设施制作精良，排场设施大气庄重，局部细处则不失明快雅致。

咨议局是清末各省成立的具有省级议会性质的机构。当时的清政府内外交困，为挽救统治危机，不得不开始由君主专制向君主立宪转变，以延续其统治。为此，清政府实施了一系列新政，在各省设立咨议局即为其中之一。

光绪三十三年（1907年）9月20日，清廷下令在京师设立资政院，作为议院基础；随即又命各省督抚速在省会筹建咨议局，作为"资政院预备议员之阶"和"采取舆论之所"。12 月 31 日，到任仅 3 个月的湖广总督赵尔巽遵旨在武昌设立湖北咨议局创办所（后改组为湖北咨议局筹备处），派布政使李岷琛为总办，负责培训议员，紧锣密鼓地开始了筹备活动。宣统元年（1909 年）10 月 14 日，如同其他各省咨议局一样（新疆除外），湖北咨议局也举行了开局典礼，宣告正式成立，由吴庆焘担任议长（约 3 个月后被著名立宪派人士汤化龙取代）。

尽管具有选举权和被选举权资格的人数很少，选民也主要是地方士绅，但咨议局和资政院的设立，仍使得中国近代以来首次出现了民意代表机构，在我国议会史上具有重要的开创意义。

由于当时湖北咨议局并无固定的议员活动场所，当时的开局典礼是借省教育总会的会场举行的。作为一省"指陈通省利病，筹计地方治安"的常设机构和舆论场所的咨议局，如无一处固定的活动场所，实在有碍清廷仿行宪政、标榜民主的脸面。因此，选址营造咨议局大楼就成了继任的湖广总督陈夔龙的当务之急。几经考察，他选定了阅马场北边紧靠蛇山南麓的绿营旧址。阅马场是清军的校场，既可演练军队，又能集散民众，十分适合建造议事机关。

陈夔龙相中了江苏咨议局仿西方议会大厦的新潮样式，便令湖北咨议局照搬江苏咨议局的图纸。据说江苏咨议局的款式是江苏议长张謇派人到日本考察，广学日本各种西式建筑设计方案后，综合所需仿照设计的。因此从外观上看，江苏咨议局和湖北咨议局的造型基本是一致的，都具有日本的西式议院建筑风格，完全不同于中国的旧式衙门。

1910 年 9 月，大楼竣工，湖北咨议局正式迁入。但讽刺的是，湖北咨议局大楼竣工两个月后，清廷就诞生了"皇族内阁"。在 13 个内阁成员中，皇族竟占 7 人，此名单一经公布，举国哗然。此前，清政府始终未赋予咨议局和资政院正式的立法权力，其"立宪"的诚意本已受

图 6-3　咨议局界碑（刘建林摄）

到立宪派士绅的怀疑，而此番"皇族内阁"的出现，更使得立宪派士绅
对清政府的离心力骤然加剧。不到一年时间，武昌首义即告爆发，第二
天（10 月 11 日），湖北咨议局议长汤化龙即在此以湖北咨议局的名义
通电全国，呼吁各省咨议局支持反清革命，并实际参与了鄂军都督府的
组织工作，令湖北咨议局得以从红楼完美退场。

此后，革命党人及其追随者和附和者汇集红楼，在此组建了中华民
国军政府鄂军都督府（即湖北军政府），推举黎元洪为都督，并以黎元
洪的名义颁发了第一号布告，宣布废除清朝帝制，建立中华民国，并通
电号召各省起义，使得原本用作预备立宪的湖北咨议局议场，转身而为

推翻清政府统治的大本营，被尊崇为"民国之门"。其背后的议员公所则成为鄂军都督府的重要接待场所和各部负责人、公务人员及部分起义军军官的居所。到1912年1月1日孙中山在南京就任临时大总统之前的近三个月内，鄂军都督府颁布了一系列革命政策和措施，一度代行中央军政府的职权，极大鼓舞和支持了其他省区的反清革命活动，加速了清朝的覆灭和民国的到来。1911年12月1日，汉阳龟山的清军炮击鄂军都督府，主楼被击中起火，塔楼被炸。都督府在次年孙中山到来之前完成修复。

中华民国南京临时政府成立后，临时副总统兼鄂军都督黎元洪仍以红楼为办公场所，原议员公所（以下简称"公所"）成为他对外接待的重要场所。1912年4月，卸任大总统职的孙中山在红楼原议场演说，并在公所与黎元洪共进西餐。1926年10月，北伐军攻克武昌，武昌民众集会阅马场，庆祝北伐胜利。国民革命军总政治部和国民党湖北省党部进驻红楼，公所成为党部工作人员生活区，党员们在董必武的带领下，领导了蓬勃兴起的工农革命运动，有力地推动了北伐战争的进程。

图6-4　中华民国军政府鄂省都督府在原清朝湖北咨议局建立（刘建林供图）

1927 年 1 月 1—12 日，党部在此召开全省第四次代表大会。1927 年 3 月 4—24 日，湖北省农民协会第一次全省代表大会在红楼召开，毛泽东被聘为大会名誉主席，为湖北农村大革命高潮的到来做了重要准备。1927 年 4 月 10 日，湖北省政府在红楼召开了成立大会。1927 年 4 月 23 日，湖北革命群众和学生在红楼举行大会，声讨蒋介石的"四一二"反革命政变。

　　1938 年，红楼遭到日机轰炸，主楼望楼、会场被炸毁，背后的公所被炸毁大部分，仅存东角楼、东部一段残墙及部分基础。1939 年春，

图 6-5　黎元洪与红十字会会员在军政府门前合影（刘建林供图）

日军第三十三师团曾在红楼驻扎。1946年，红楼被定为湖北省参议会会址，由阮顺兴营造厂拆除会场重建，并修复两侧副楼，用作储藏室和仓库，1947年11月竣工。

1949年5月16日武汉解放后，红楼又成为新中国第一届中共湖北省委和省政府的办公地。20世纪50年代初期，在公所原基础上修建了一排平房，在西南角原基础上修建了一座两层楼房。中共湖北省委和湖北省社会主义学院曾先后在此办公。"文革"期间，又在北边公所原基础上建成三层和四层居民楼各一栋，用作湖北省委统战部和湖北省政协的宿舍楼。

鉴于红楼在中国近代历史上的重要地位，1961年，国务院将红楼公布为第一批全国重点文物保护单位——武昌起义军政府旧址。1981年10月10日又在这里正式建立了辛亥革命武昌起义纪念馆。

辛亥革命纪念馆的筹建，可上溯至1912年。当时，有一个名叫袁希洛（参加过辛亥革命、此时供职于江苏教育总会）的人提议在上海建立一座革命战争纪念馆。他的提议获得了江苏教育总会的通过，于是江苏教育总会委派他为征集员，"赴各处征集关于此次革命战争之品物……以备陈列之用"。3月中旬，他还给孙中山写信，希望孙中山对革命战争纪念馆的创办一事予以"大力提倡"和"鼎力相助"，并直接提供有关物品。他为此还曾两度进见孙中山。另外，他还"赴武汉、石家庄、娘子关、太原、北京、蚌埠等处，征集在革命战争中可作纪念的物品，前后凡三个月"，然而受限于经费问题，创建革命纪念馆的愿望终未实现。

纪念馆的直接准备工作，是在新中国成立后才开始的。20世纪50年代中期，新成立不久的湖北省文物管理部门开始调查和保护武汉地区的辛亥革命文物遗存，包括遗址、旧址、纪念设施和流散文物等。在辛亥革命前后起到巨大历史作用的红楼，成为理想的建馆地点。1956 年，湖北省人民委员会就以"武昌起义军政府旧址"的名义将红楼公布为首批湖北省文物保护单位。1958 年，中共湖北省委正式提出在红楼建立湖北革命纪念馆的决议。

20 世纪 70 年代末，湖北省文物管理部门加紧了建馆步伐，加大力度征集辛亥革命文物，并开始筹办《辛亥革命武昌起义纪念展览》。1979 年，他们专程赴京，邀请时任全国人大常委会副委员长的宋庆龄为红楼题字，她欣然应允，亲笔题写了"武昌起义军政府旧址"和"辛亥革命武昌起义纪念馆"两方匾名。

1981 年，中共中央决定隆重纪念辛亥革命 70 周年，湖北省为此斥巨资复原鄂军都督府初创时期的机构和格局。当年 10 月 8 日，辛亥革命武昌起义纪念馆在红楼举行开馆剪彩，红楼由此成为武汉乃至全国纪念辛亥革命的一个重要场所。

1983 年，国家文物局批准对议场实施第一期抢救维修工程。1984 年 6 月，旧址新建宿舍楼内的住户被全部迁出。1988 年底，为迎接辛亥革命 80 周年，辛亥革命纪念馆又对红楼进行了全面维修，其中两侧副楼改动较大，在不改变原有结构和立面外观的前提下，适当加大了房屋进深，提高了室内标高，改为二层，南北两端山墙被嵌上了象征"十八星旗"的通气窗。工程于 1991 年完成。

2001 年，为纪念辛亥革命 90 周年，国家文物局再度拨款维修红楼，以恢复历史原貌为主旨，主要包括议场门厅复原、会场复原、门额复原和议员公所东角楼的复原等项目。2004—2005 年，武汉市政府拆除在公所旧址上修建的湖北省社会主义学院及宿舍楼，并将院墙由实体砖墙改为通透的铁栅栏墙。2011 年 2 月，在辛亥革命 100 周年之际，纪念馆开始对议场及两侧副楼进行全面维修，9 月启动议员公所的复原维修工程，至2013年6月完工，基本复原了消失70多年的议员公所大楼（在复原过程中，因受北边城市交通要道的限制，原公所北楼整体南移约11.5米）。

二、阅马场孙中山铜像

红楼门前为阅马场孙中山铜像。铜像南面首义广场，越十八星旗花坛与拜将台纪念碑相对，由上海著名雕刻家江小鹣设计，1931年8月落成。铜像高2.32米，竖立在3.8米高的麻石砌筑的方台型基座上，四周镶嵌长1.44米、宽0.36米的汉白玉石。孙中山着传统长袍马褂，右手执礼帽，左手拄杖，双目平视，持重而立。像座通高6.4米，占地约20平方米，南面正中原镌"精神不死"四字，其余三面原刻有"像赞"，20世纪50年代后期被磨平，1981年重刻"孙中山先生之像"七字。

图6-6　阅马场孙中山铜像（刘建林摄）

1983 年，铜像被列为武汉市文物保护单位，2008 年晋升为湖北省文物保护单位。

孙中山在 1912 年 4 月辞去临时大总统职务后，曾于 4 月 9 日—13 日期间，接受副总统兼湖北都督黎元洪的邀请，携夫人卢慕贞、公子孙科、女儿孙娫、孙婉及宋子文、胡汉民、汪兆铭等人，前往首义之区考察，在 9 日、10 日和 12 日三次莅临湖北军政府。

9 日，孙中山一行人辗转经汉口码头换乘轮渡抵达武昌，改乘马车由汉阳门入城，经长街（今解放路）直达湖北军政府。黎元洪等人在军政府大门前的阅马场迎接。孙中山一行人进入军政府稍事休息后，与黎元洪等人就餐。次日（10 日）清晨，孙中山又在黎元洪邀请下，前往军政府出席欢迎会。孙中山在军政府大礼堂发表了题为"共和与自由之真谛"的长篇演说。针对革命队伍内部革命意志和组织纪律日益涣散的现状，他指出革命的意义"乃为国民多数造幸福"，认为共和与自由专为人民说法，而非为少数军人和官吏，申明了服从革命纪律的重要性。随后，孙中山来到二楼会客室，会见了湖北军政府官员及湖北同盟会支部成员，并同他们一起在后花园合影留念。12 日晚，孙中山再次来到军政府出席告别宴会。席间，孙中山嘱咐大家要尽快恢复汉阳兵工厂并扩充生产、复兴汉口遭火灾区域和发展湖北女学，并为之积极谋划。

在汉期间，孙中山频繁会见湖北军政商学各界人士，视察阳夏战场，凭吊英灵，发表演讲，指出了湖北今后的任务，申明了自己大办实业的主张。

三、黄兴拜将台遗址

黄兴拜将台遗址位于红楼对面，与孙中山先生铜像遥相呼应。现址建有一座紫红色水磨石纪念碑。拜将台通高 5 米多，底部是三级白

图6-7 黄兴拜将台遗址（刘建林摄）

色大理石须弥底座，碑身成方锥形，远看似剑，直刺苍穹。碑上镌刻
"拜将台 辛亥首义 鄂军都督黎任黄兴为总司令在此授印"，阴刻"中
华民国三十七年十月十日辛亥首义同志会敬立 公元一九五五年二月武
昌区人民政府 改建"。秦亡后楚汉相争时期，刘邦曾筑拜将台拜韩信
为大将，1911年11月3日，黎元洪效仿刘邦，在阅马场搭台，拜黄兴
为战时民军总司令。

拜将前夕，清军大举进攻武汉三镇，革命阵营中却缺乏深孚众望的

统军大将，战局不断恶化。湖北军政府接连向上海发出电报，要求中部同盟会的领导人来湖北，并敦促黄兴等速来武昌。

黄兴得到起义的消息后，马上于 10 月 17 日离开香港，23 日抵达上海。24 日晚，黄兴携宋教仁、陈果夫等人，以战地红十字救伤队的名义，乘英国轮船赶赴武昌，于 28 日下午五时到达。

图 6-8　阳夏战争中离汉口 10 公里处的革命军，正在等待投入战斗

图 6-9　阳夏战争中在汉口附近布防的清军炮兵

　　黄兴是同盟会元老，地位仅次于孙中山，先后组织谋划、参与指挥了萍浏醴、钦州、防城、镇南关、廉州、上思、河口、黄花岗等一系列起义活动，在革命党人中的威望极高。革命军民见黄兴到来，士气大振。当晚，黄兴即被推为湖北民军总司令，领导革命军民主动出击，攻打优势清军。起初，在黄兴的督战下，革命军反击颇有成效，后来随着清军的不断增兵和革命军的持续减员，革命军民只得且战且退，但仍利用街巷房屋节节抵抗，清军每前进一步都要付出沉重代价。恼怒的冯国璋竟让部队放火烧街，并禁止保安会救火。大火连烧三日，汉口的繁华区域成为一片焦土。清军且烧且进，革命军撤往汉阳。心有不甘的黄兴被多人挟以过江，退返武昌。11月1日，汉口陷落，战事暂时沉寂。

　　随后，军政府内部对黄兴的职务发生分歧。当时湖南、湖北都督都不是革命党人，所以居正、蒋翊武等人提出，由革命党领袖黄兴取代黎元洪，担任"两湖大都督"，以统筹全局。但遭到刘公、孙武、吴兆麟等人的反对，他们认为大敌当前，不能动摇根本。此后同志们推举黄兴为"民军战时总司令"，但仍存在由同志公举和由黎元洪委任两种意见。最终，吴兆麟、孙武等人以统一事权为由，商定由黎元洪委任黄兴为中华民国军政府战时民军总司令，并由黎元洪亲自举行登台拜将的古礼。11月3日上午，黎元洪在阅马场南边筑起木制拜将台，举行拜将仪式。

　　这天，拜将台四角遍插军旗，正中高竖一面大红帅旗，上绣"战时总司令黄"六个大字。湖北军政府各机关文武官员和革命将士都列队肃立阅马场。黄兴和黎元洪在队列前并辔而行，来到台前，黎元洪登台宣告："本都督代表四万万同胞及全国军民，特拜黄君兴为战时总司令……"说毕，即请黄兴登台受职，黎元洪亲手将战时总司令的关防、印信、委任状、令箭等捧交给黄兴，行礼如仪。黄兴慷慨激昂地发表了简短的就职演说，指出"此次革命，是光复汉族，建立共和政府"，并提出努力、服从、协同三项要求，并表示自己将"为国尽瘁"。然后黄兴骑马巡视全场一周，举手频频答礼，全场欢呼。就这样，在革命党人的内部斗争之中，旧军阀出身的黎元洪，通过对黄兴的拜将仪式，正式取得了"主公"的位置，黄兴则成为其麾下战将，这为革命党人的大权旁落埋下了伏笔。

拜将典礼结束之后，黄兴立即组织总司令部，当晚率总司令部奔赴汉阳，亲临前线巡视并慰问士兵，制定反攻汉口的计划。16日上午，经过周密的战前准备，黄兴下令分三路向汉口进攻。起初进展顺利，后因清军援兵赶到，战况急转直下，革命军损失惨重，只得退回汉阳。此后，革命军与清军在汉阳战场往复拼杀。至26日，十里铺失守，黄兴不得已退回武昌。江轮驶至中流，黄兴竟欲纵身跳江，好在左右护从将其紧紧抱住，才得幸免。次日，汉阳全面失守。至此，历时41天的阳夏保卫战以革命军的失败而告终。不过在此期间，革命军拖住了清军主力，给各省创造了光复时机，使另外10多个省得以宣布独立，清政府的反动统治很快陷于土崩瓦解，南北议和才得以展开。对此，黄兴和武汉革命军民的历史功绩是不可磨灭的。

为表彰黄兴的突出贡献，1928年，辛亥首义同志在拜将台旧址上修建了八角形木结构纪念亭。后亭子因年久失修而倒塌。1948年，辛亥首义同志会在原址重建石碑。1955年，原来的粗劣石碑被改建为紫红色水磨石纪念碑。1956年，黄兴拜将台遗址入选首批湖北省文物保护单位。2007年，首义广场改造，武汉市政府修缮纪念碑碑体，将底座改为石台，并将拜将台搬迁至首义广场中轴线。

图 6-10 首义广场航拍图

都府堤

　　武昌不仅是辛亥革命的首义之城，也是孕育红色力量的英雄之地。早在中共一大之前，董必武、陈潭秋、张国恩（1917 年春，与董必武在武昌合办律师事务所，从事革命活动）、刘伯垂（曾任广州《惟民周刊》编辑，1920 年六七月间由陈独秀委派来汉筹建党组织）、包惠僧（陈潭秋的老乡，新闻记者，1920 年曾采访来汉讲学的陈独秀）、郑凯卿（文华大学工友，1920 年曾与来汉讲学的陈独秀有所接触）、赵子健（湖北第一师范学生）等七位同志就已于 1920 年秋在武昌抚院街（今民主路）3 号董必武、张国恩寓所（原建筑已不存）成立了武汉共产党早期组织——共产党武汉支部（为保密，以张国恩别名"梅先"的"梅"作暗号，对外称党组织为"梅先生"）。当时由包惠僧任书记，次年 2 月包惠僧去往上海，陈潭秋接替其位置。7 月，董必武、陈潭秋作为武汉共产党早期组织的代表，赴上海参加中国共产党第一次全国代表大会，与毛泽东等其他 11 位代表共同完成了创建中国共产党的历史使命。

　　1926 年 10 月 10 日，北伐军攻克武昌城后，国民政府决定迁都武汉。中共中央也从全国各地调派干部前来武汉领导革命斗争，毛泽东、恽代英、项英、张太雷、罗章龙、李立三、刘少奇、吴玉章、林育南、陆沉、聂荣臻、瞿秋白、蔡和森、彭述之、陈独秀、方志敏、彭湃等重要干部相继抵汉，他们与原在中国湖北区委工作的董必武、陈潭秋等人通力合作，积极传播马克思主义，领导工农运动，使武汉迅速成为大革命的"赤都"。武昌城西北隅的一条小街——都府堤，一时间聚集了毛泽东、陈潭秋、董必武、周恩来、瞿秋白、恽代英、方志敏、彭湃、郭沫若、张太雷、李立三、邓演达等大批同志，他们在此居住、办公、传播革命思想，成立中央农民运动讲习所，召开第一次大规模公开举行的党的全国性会议——中国共产党第五次代表大会，令这条仅长 417 米的传统街道，一跃而为红色革命的摇篮、中国"第一红街"。

2000 年 11 月，武昌农民运动讲习所旧址纪念馆与毛泽东旧居纪念馆、中共五大会址纪念馆、陈潭秋烈士纪念馆和武昌起义门管理所合并，组建武汉革命博物馆，办公地点在武昌农民运动讲习所旧址内。场馆占地面积 32122.41 平方米，建筑面积 21081.72 平方米，展厅面积 10395.44 平方米，是武汉地区红色景点最多、内涵最丰富、资源保护最早、知名度最高的红色旅游资源富集区。

一、武昌农民运动讲习所旧址

都府堤位于武昌旧城风貌区解放路北段以西，南北走向，南起自由路，北止红巷中段，东临解放路传统商业街、昙华林历史街区，西临长江，南望武汉长江大桥，北抵积玉桥，原是一片低洼的湖湘地。清代，大、小司湖间筑起了一道拦湖堤。后来湖水逐渐干涸，便有人在路旁建屋居住，原本的拦湖堤遂成街道。因其附近有都府（督察院御史府衙），故得名"都府大街"，俗称"都府堤"。

位于都府堤北端，与都府堤成丁字交叉的街道，曾是举办省试之地和江夏文庙所在，故得名"黉巷"。后因大革命时期，此巷曾开办中央农民运动讲习所，故更名"红巷"以示纪念。

　　清光绪二十九年（1903年），湖广总督张之洞将武昌城分为东西南北中5个区，分设5所高等小学堂，在黉巷西端清初左卫衙门旧址（位于今红巷13号）上创办的"北路高等小学堂"于次年8月开学。民国二年（1913年），小学堂改为"湖北甲种商业学校"，不久又更名为"湖北省高等商业学校"。

　　1926年秋，北伐军攻克武汉三镇，革命重心由珠江流域转移至长江流域中游地区。为适应革命形势发展的需要，同年12月，国民党中央党部和国民政府由广州迁至武汉，武汉成为全国革命的中心。当时，湖南、湖北、江西的农民运动发展迅猛，为适应革命需要，当年冬，毛泽东倡议开办湘鄂赣三省农民运动讲习所，讲习所设武昌。恰巧当年底，湖北省高级商业学校并入武昌中山大学，校舍空出。于是，次年2月初，中央农民运动讲习所筹备处选定此地为校址。

　　这是武汉仅有的一座保存完好的晚清砖木结构学宫式建筑群，古朴简约，淡雅幽静。整个庭院坐北朝南，呈长方形，占地12850平方米，南北稍长而东西略短。青灰色院墙，砖砌方形院门。大院内有由方砖铺成的环形道。从前到后整齐排列四栋砖木结构的高台式房屋，建筑面积5110平方米。三栋为二层青砖小平瓦楼房，具有西式建筑风格；其余均为平房，歇山顶，翼角不起翘，黑瓦青墙，朱柱红檐，四廊贯通。院落中间是一块面积达4800平方米的大操场。这是军训的场地，也是学员集合的地方。操场西面为一木制高台，是农讲所开会的主席台。操场将农讲所分为两大区域，前两栋为教学区，后两栋为生活区。1栋自东向西依次为总队部、常委办公室、教务处、事务处、庶务室和医务室，2栋为教室，3栋上为寝室，下为膳堂（现复原为寝室），4栋为寝室（现将其中一间复原为膳堂）。1、2栋和3、4栋之间由工字形回廊贯通。整个建筑群落结构严谨，布局得当，在苍翠树木的环绕映衬下，显得格外庄严肃穆。

图 7-1　农讲所操场和学生宿舍建筑

图 7-2　农讲所操场西面的毛主席雕像和开会的主席台

图 7-3　农讲所大教室

图 7-4　农讲所学生宿舍内景

　　农民运动讲习所是第一次国共合作时期为适应农民革命斗争的需要而产生的，最早由彭湃在 1924 年 6 月提出，旨在培养农民运动干部。1924 年 7 月至 1926 年 9 月，国共合作在广州举办了 6 届农民运动讲习所（全称"中国国民党中央执行委员会农民运动讲习所"）。第 1—5 届由彭湃、罗绮园、阮啸仙、谭植棠先后担任主任，第 6 届由毛泽东担任所长。农讲所的规模和层次不断壮大和提高，前两届学员全部来自广东，从第 3 届开始，招生范围逐渐扩大，第 6 届的 327 名学员来自 20 个省区（此前五届共有毕业生 445 人），已发展成为全国范围的农民运动讲习所。

　　1926 年 11 月上旬，鉴于长江中游农民运动迅猛发展，急需大量优秀农民干部的情况，当时刚从广州调往上海就任中共中央农民运动委员会书记的毛泽东，主持农民运动委员会拟定《目前农运计划》，提出"各地农运须切实与国民党左派合作，并促成国民党中央农民部在武汉设立办事处"，在武昌开办农民运动讲习所。这一计划在 11 月 15 日得到中共中央局的通过。11 月下旬，毛泽东即取道南昌赶赴武汉，途中于 26 日与国民革命军第六军党代表林伯渠和第二军副党代表李富春等人会晤，助力江西临时政治委员会于 11 月 29 日做出选派 150 名学员送武昌农讲所并负担经费 1.2 万元的决议。11 月底（或 12 月初），毛泽东到达武汉，在汉口建立中共中央农委办事处，同国民党湖北省党部筹商合办湘、鄂、赣三省农民运动讲习所事宜，得到以董必武为首的国民党湖北省党部的积极支持。1927 年 1 月 15 日，董必武主持召开国民党湖北省第三届执行委员会第一次会议，通过了关于农讲所筹备委员、经费、地址及选送学生名额的议案，并推选陈荫林同志参加农讲所的筹备工作。1927 年 1 月 16 日，以毛泽东、周以栗、陈荫林等同志组成的农讲所筹备处成立了。正当三省农讲所加紧筹办时，却出现了一个不和谐的插曲，国民党右派蒋介石在南昌造谣说"农讲所不办了"，并扣留应提交的经费，阻挠江西学生前往武汉学习。

为挫败反动势力的阴谋，以毛泽东为首的湘鄂赣三省农民运动讲习所筹备处，在进一步加紧筹备工作的同时，还争取到了已迁至汉口的国民党中央党部的支持。根据国民党中央决议，湘鄂赣三省农讲所扩大为中央农讲所，由国民党中央农民委员会领导，定名为"中国国民党中央农民运动讲习所"，实行全国招生并增加学生招收名额，共计增招苏、浙、皖、直、豫、陕、晋、奉、闽、川、贵等省的 300 余名学生。

为了保证学生质量，毛泽东还亲自负责招生工作，审查各地应招学生。当时，规定学生的入所条件是：1. 革命观点正确；2. 毕业后决心回到乡村开展农民运动，无他异想；3. 身体强健耐劳，能在农讲所服严厉之军操，到乡间能走远路；4. 中学毕业或肄业者，高小毕业常识较优者，小学教师；5. 年龄在十八岁以上，三十五岁以下。同时，还规定对从事农运工作的共产党员、共青团员和积极分子，可优先录取，以"来自乡间者为最好"。

1927 年 3 月 7 日，农讲所先期开班上课，起初只有 700 多学员，至 4 月 4 日举行开学典礼，共录取了来自 17 个省的 800 余名学员，其中工人 40 余名，农民 180 余名，农民武装领导人、农运干部 180 余名，学生 400 余名。这 800 多名学员按军事建制编队，设总队部、大队、中队、分队和班，班长从学生中挑选，各级队长都是部队和军校调来的。

农讲所实施常务委员负责制，由国民党中央农民运动委员会任命邓演达、毛泽东、陈克文三人为常务委员。其中，国民党左派邓演达兼任国民革命军总政治部主任、国民党中央农民部长等职，其主要精力不在农讲所，而国民党中央秘书陈克文也忙于处理农民部的日常工作，所以农讲所的实际工作由毛泽东主持。常务委员会下设教务处、训育处和事务处三部门，各设主任 1 人、干事若干，其中教务处主任为共产党人周以栗，他协助毛泽东领导安排农讲所内的日常工作，是毛泽东的得力助手和亲密战友，深受学员爱戴。

农讲所的办学目的十分明确，正如《中央农民运动讲习所开学宣言》所说，"是要训练一般能领导农村革命的人材出来"。为此，毛泽东亲自参与制定教育方针和教学计划，聘请教员以及安排学生政治活动等一系列工作，并作为主要授课人之一讲授"农民问题"和"农村教育"等主要课程，著名的《湖南农民运动考察报告》也被用作毛泽东在中央农讲所的授课讲义。他讲课时，慢条斯理，从容不迫，深入浅出，分析周到，擅长用很多生活中的实际事例和群众的语言加以说明，给学员留下了终生难忘的印象。除此之外，他还选聘了一大批著名共产党人和国民党左派知名人士来农讲所讲课或讲演，如恽代英、李立三、瞿秋白、彭湃、方志敏、于树德、夏明翰、邓初民、李达、李汉俊、何翼人、陈荫林等人。这些著名的革命家、理论家们，讲课时能够较好地将马克思列宁主义原理同中国革命的实际结合起来，深入浅出，明白易懂，保证了教学质量，为学员们指明了思想政治方向。

为帮助学生学习农民问题，农讲所还刊印了一套农民运动丛书，发给学生作为阅读资料，其中有《列宁与农民》《土地与农民》《中国农民问题研究》《广州农民运动概述》等等。特别宝贵的是，在这套丛书中，还刊印了一批毛泽东的有关农民问题的著作。如《中国佃农生活举例》一文，毛泽东通过一户佃农情况的调查，阐述了佃农的经济地位和政治态度，指明了亿万贫苦农民在中国革命中的重要作用。

农讲所的教学原则是术科（军事训练）、学科（政治学习）并重，起居作息也都按军事制度行事。起初学员每天只进行两小时军事训练，"四一二"反革命政变后，军事训练增加到每天四小时，有时甚至全天军训，进行实战演习。学员们逐渐具备了一定的军事知识和杀敌本领，也更加懂得了掌握枪杆子的重要性，成长为能文能武的优秀革命战士。在 1927 年 4 月 14 日，毛泽东还挑选了 300 名学员，手持汉阳造七九式步枪等陈旧武器，镇压了麻城红枪会的暴乱，遏制了土豪劣绅对农民的反攻倒算，鼓舞了全国工农的士气。

在主办农讲所的那段时间，毛泽东日夜殚精竭虑。除担负繁重的工作外，他还经常到学员中进行调查研究，了解思想动向，一旦发现学员们身上的错误，总是着重于思想教育，满腔热情地帮助他们认识和纠正错误。他亲自做组织发展工作，及时吸收符合党、团员条件的同志，壮大党团组织队伍。

毛泽东像慈母般地爱护学员，关怀他们的健康成长。许多当年农讲所的学员还记得，那时毛先生常穿一件布长衫，掰着指头一点、两点地

图 7-5　中央农民运动讲习所旧址

图 7-6 膳堂复原陈列

向大家讲述革命道理。在走廊里,在操场上,学员见到了毛泽东总喜欢围上去问长问短。

在毛泽东的亲手培养下,农讲所的学员茁壮成长。原定学制 4 个月,但因国内形势急转直下,农讲所在 6 月 18 日就举行毕业典礼。此后,大部分学员回到自己所在的省、县,被任命为农民协会特派员,投身到农民运动和革命战争的浪潮之中。稍后的"八一"南昌起义和秋收起义,也有农讲所学员参加。

为了纪念武昌中央农民运动讲习所的革命精神,1958 年,人民政府对旧址进行了修缮整理,筹建纪念馆,周恩来亲笔题写了"毛泽东同志主办的中央农民运动讲习所旧址"金字红匾。1963 年 4 月 4 日,纪念馆正式开放。1966年3月，董必武重访武昌中央农民运动讲习所旧址，写下了歌颂诗句："革命声势动地惊，工农须得结同盟。广州讲习垂洪范，更向华中建赤旌"。

2001年，武汉农民运动讲习所旧址（包括武昌农民运动讲习所旧址和武昌毛泽东同志旧居）被列为全国重点文物保护单位。2004年，中宣部等7部委将武汉农讲所旧址列为红色旅游经典景区。农讲所旧址纪念馆开放了常委办公室、教务处、事务处、庶务处、医务处、总队部、大教室、大操场、学员寝室和膳堂等复原陈列和反映农讲所历史的辅助陈列，并于2014年9月提升基本陈列，在第3栋的二楼推出了"探索与奠基——武昌中央农民运动讲习所历史陈列"展览。

二、武昌毛泽东同志旧居

出农讲所南行约200米，就来到了都府堤41号。这是一处坐东朝西、青砖灰瓦的三合院民居，1927年上半年，毛泽东在武汉从事革命活动时居住于此。

这所房子共有十来间，住过许多著名的共产党人，除毛泽东一家之外，蔡和森、夏明翰、彭湃夫妇、郭亮、李一纯和毛泽东的两个弟弟毛泽民、毛泽覃等都曾在此住过，是党内的红色据点。大家经常在这里开会、谈话和研究处理一些秘密问题，十多个人围着一张圆桌，坐不下的就站着，南腔北调，好不热闹。

这是一处传统的中国砖木平房：一进两重，每重三间。前后两重之间有天井相隔，天井两旁又有厢房相连。毛泽东和杨开慧夫妇的房间位于堂屋左边，里面陈设十分简单。除一张木板床铺、一张方桌、几只方凳之外，最引人注目的就是窗前的大书桌，上面放有笔、砚和文稿，还有一盏玻璃罩擦得透亮的煤油灯。在这间屋子里，有一张令

毛泽东同志旧居（麦小朵绘）

图 7-7　武昌毛泽东同志旧居

图 7-8　武昌毛泽东同志旧居内景

人过目难忘的老照片：年轻的杨开慧端坐着，神色安详、娴静，怀里搂着一个小男孩（毛岸龙），另一个稍微大点儿的孩子（毛岸青）斜偎在她的左侧膝头。

1926 年 11 月底，中共中央农委书记毛泽东离开上海，经南昌来到武汉，在汉口建立了中共中央农委办事处。12 月中旬，他出席了中共中央政治局在汉口召开的特别会议。会上，中共中央总书记陈独秀指责了当时轰轰烈烈的农民运动。12 月 17 日，毛泽东由汉口到长沙，参加湖南全省第一次代表大会等一系列会议，并准备考察湖南农民运动情况。

1927 年 1 月 4 日至 2 月 5 日，为了回答党内外对农民运动的种种责难，毛泽东从长沙启程，用了整整 32 天，行程 700 多公里，实地考察了湘潭、湘乡、衡山、醴陵、长沙 5 县的农民运动。1927 年 2 月 12 日，结束湖南农民运动考察的毛泽东返回武昌。16 日，他给党中央写了一个关于视察湖南农民运动的报告。

2 月下旬，杨开慧及其母亲、保姆孙嫂（陈玉英）带着两个孩子到武昌与毛泽东团聚，住在都府堤 41 号。当时毛泽东正在撰写《湖南农民运动考察报告》。身怀六甲的杨开慧不辞辛劳，帮忙整理资料，经常工作到深夜。3 月，《向导》周刊发表了《湖南农民运动考察报告》的前两章。4 月，《湖南农民运动考察报告》被我党领导的汉口长江书店以《湖南农民革命（一）》为名出版，瞿秋白为之作序。《湖南农民运动考察报告》驳斥了党内外怀疑和指责农民运动的论调，论述了农民革命的伟大意义，提出了解决农民问题的理论和政策，成为中国共产党领导农民运动的极为重要的马克思主义文献。

在都府堤居住期间，毛泽东为革命事业的发展不停奔波。为加强对农运的领导和培训农运干部，他与国民党左派邓演达等筹建了全国农民协会，并创办了中央农民运动讲习所。在 3 月 10 日至 17 日的国民党二届三中全会上，他和吴玉章、林伯渠、恽代英、董必武等联合国民党左派，挫败了蒋介石企图在南昌另立国民党中央的阴谋，并积极支持工农向反动势力进攻。

4 月 4 日，正值武昌农讲所开学典礼之际，杨开慧生下了他们的第三个儿子毛岸龙。而当日，毛泽东却在上午出席了在汉口举行的中共中央执行委员、中共湖北区委和共产国际代表团联席会议，讨论召开中共中央全会、中共五大及准备召开国民会议等问题，下午 1 点半又风尘仆仆地赶到武昌农讲所，参加开学典礼。此后，他又忙了三天革命工作，直到毛岸龙出生四天之后，才忙里偷闲到医院去看了一眼杨开慧母子。

在 4 月 27 日至 5 月 9 日的中国共产党第五次全国代表大会上，毛泽东向大会提出了一个农民运动决议案，建议迅速开展土地革命，以防不测。但五大在陈独秀的控制下，并未将其议案拿出来讨论。当时形势对我党极为不利，蒋介石已叛变，武汉国民党也即将分共，而五大却传达出了陈独秀等中共高层盲目乐观的情绪，令毛泽东十分担忧。会后一天，心情苍凉的毛泽东携杨开慧，来到武昌黄鹄矶，游览了黄鹤楼遗址，登临了警钟楼，面对浩荡的江水，抒发着心中的郁结：

茫茫九派流中国，沉沉一线穿南北。烟雨莽苍苍，龟蛇锁大江。

黄鹤知何去？剩有游人处。把酒酹滔滔，心潮逐浪高！

从不游山玩水的夫妻俩，这天一直在黄鹄矶徜徉至夜幕降临，才回到都府堤家中。

5 月 21 日，反动军官许克祥发动"马日事变"，把魔掌伸向长沙革命工农，整个湖南处于白色恐怖之中。随后毛泽东在都府堤41号接待了一批又一批湖南农运干部，指示他们回去以后，靠山的上山，濒湖的上船，拿起武器保卫革命。在毛泽东的指引下，千千万万受苦受难的工农大众，手持大刀梭镖，踏上了武装斗争的征途。

6月24日，毛泽东说服陈独秀改派他前往长沙出任湖南省委书记，但十天后即被陈独秀召回，指责他组织暴动反对当时在武汉当权的唐生智。回汉后，毛泽东与在都府堤41号养病的蔡和森反复研讨湖南形势和唐生智问题，并由蔡和森执笔给中共中央写信，提议"机关移投武昌，同时中央及军部应即检查自己的势力，做一军事计划，以备万一"。他们的信由毛泽东亲自交给瞿秋白，但仍未引起陈独秀的重视。

7月15日，汪精卫揭下伪善的面纱，正式作出关于"分共"的决定（南昌起义爆发第二天，武汉国民政府开始大规模公开逮捕、屠杀共产党员和革命群众，8月8日，汪精卫更是发出了"宁可枉杀一千，不可使一人漏网"的疯狂指令），武汉的革命形势岌岌可危。杨开慧做了最坏的打算，赶紧叫来长沙板仓老家的族兄杨秀生，接走了保姆和毛岸青，自己仍带着岸英和岸龙留下，与丈夫奋力挽救党和革命。一天，毛泽东去汉口送别几个农讲所学员回乡，回来走到六渡桥附近，遇上两个便衣，被喝问是否见到了高高瘦瘦的教书先生毛润之。所幸毛泽东当时一身工人装扮，没被便衣一眼认出，他灵机一动，推说毛润之去码头了，这才逃过一劫。回到都府堤后，他马上带着妻子转移到了一位同志家中。

8月7日，中共中央在汉口召开紧急会议，毛泽东出席了会议，当选为中共临时中央政治局候补委员。会上，毛泽东严厉地批判了陈独秀的右倾错误，提出党要非常注意军事问题，"须知政权是由枪杆子中取得的"。会后，瞿秋白征求毛泽东去上海中央机关工作的意见。毛泽东表示，不愿去大城市住高楼大厦，愿到农村去，上山结交绿林朋友。8月12日，他以中共中央特派员身份，带着杨开慧母子离开了壮志未酬的武汉，奔赴湖南，和中共湖南省委领导了湘、赣边界的秋收起义。

在都府堤居住期间，毛泽东负担着异常繁重的领导工作，但生活却十分简朴。每天吃饭多半只就豆腐、青菜，全部家什铺盖只用两口大木箱就装完了。那时，他只有两件汗衫、一件白衬衣、一件灰布长衫；年仅26岁的杨开慧穿着也很朴素，热天总是一身粗白布衣衫，天凉了就身着一件半新半旧的格子旗袍。

尽管工作辛苦忙碌，生活清贫俭朴，但毛泽东一家人仍倍感幸福，这是他们全家最后一段团聚的时光。8月12日，毛泽东先把杨开慧及岸英、岸龙送上去往长沙的火车，然后自己上了另一列火车。次日，毛泽东来到长沙板仓，与先期回来的杨开慧母子团聚。三四天后，夫妻二人又潜入长沙市区，开展秋收起义的准备工作。8月底，毛泽东意识到未来斗争的艰巨性，遂送妻子回到板仓老家，据保姆陈玉英回忆"毛主席从屋后竹山翻过来，脚都没歇，又翻后山走了"，但不想此次送别，竟成永诀。

都府堤41号老屋于1956年因修建武昌儿童公园而被拆除。1967年2月，武汉市革委会邀请了陈玉英、郑益健（郑家钧，夏明翰夫人）、杨开智（杨开慧兄长）、许文煊（杨开慧同学）、周文南（毛泽覃夫人）等老同志及当年的房东、邻居举行座谈会，回忆房屋原貌，于同年8月即按原貌重建了武昌毛泽东同志旧居。重建的旧居占地面积909平方米，建筑面积436平方米。正门额上木质红色横匾，由郭沫若同志题写"毛泽东同志旧居"七个金色大字。内部复原了毛泽东和杨开慧、彭湃、蔡和森等住过的房间，搜集陈列了许多当年毛泽东、杨开慧夫妇使用过的文物。2001年，武昌毛泽东同志旧居作为武汉农民运动讲习所旧址的一部分，被国务院公布为全国重点文物保护单位。

三、中共五大会址暨陈潭秋烈士早期革命活动旧址

中共五大会址暨陈潭秋烈士早期革命活动旧址位于武昌毛泽东同志旧居的对面、都府堤 20 号（原都府堤 31 号）。旧址原为 1913 年创办的武昌高等师范学校附属中学。1918 年冬，附中遭火灾焚毁，武昌高师按无锡小学样式重建校舍，遂将附小与附中校舍对换。1923 年，国立武昌高等师范学校改名国立武昌师范大学，附小随之更名"武昌师范大学附属小学"。1924 年，国立武昌师范大学改名国立武昌大学，附小又随之更名"国立武昌大学附属小学"。1926 年底北伐军攻占武昌后，武昌高师、高商等学校合并为中山大学，附小也于 1927 年 3 月更名为"湖北省立第一小学"（也称"国立武昌第一小学"）。1922—1927 年，中国共产党创始人之一的陈潭秋曾在此居住，并以教书作掩护从事革命活动，一度将这所小学打造为湖北革命运动实际上的指挥机关。1927

图 7-9　中共五大会址临街建筑（刘建林摄）

年，中国共产党第五次全国代表大会的开幕式也在此召开。

旧址内有 7 栋建筑，其中 4 栋是民国初期的原建筑，分别为临街二层楼（该楼为 1922 年建，其二层楼梯右侧为陈潭秋、徐全直夫妇的住房）和进门右侧的三栋平房（教学用房）；另外 3 栋为 2007 年照原样复建的风雨操场（1922 年，附小将风雨操场周围砌墙，改作礼堂，系 1927 年中国共产党第五次全国代表大会开幕式会场）、小礼堂和教工宿舍。

陈潭秋（1896—1943 年 9 月 27 日）从 1912 年至 1919 年，先后就读于武昌省立一中、中华大学（补习）和武昌高师英语部。在此期间，他受到马克思主义的洗礼，立志投身革命，1920 年秋即与董必武、刘伯垂等 7 人创建武汉共产主义小组，1921 年 7 月又与董必武参加了中国共产党第一次全国代表大会。1922 年，他来到武昌高师附小任教。此后五年多，他一方面认真教授五年级国文和历史课程，注重培养启发学生和进步教师的革命精神，在他任教的班上，发展了十几个学生参加中国共产主义青年团，他们中不少人在日后转为中国共产党党员，成为中国革命的优秀干部，伍修权同志就是其中之一；另一方面则积极开展革命活动，使武昌高师附小成为湖北省的共产党活动基地，当时中共省委机关和联络点经常搬迁，只有武昌高师附小是长期开会和接头的地方，正如董必武所说，"武昌高师附小有一个时期简直成了湖北革命运动的指挥机关"。

在此期间，陈潭秋夫妇居住在附小临街门楼二楼楼梯右侧的小房间里。房间十分简陋，仅有一张木板床、一张三屉办公桌、两个方凳、一个小竹书架和一个盛衣物的藤篮，这藤篮也常常成为他们外出时夹带秘密文件和革命宣传品的工具。董必武、彭泽湘、林育南、吴德峰等经常到这里研究工作和召开会议。

图 7-10 武昌高等师范学校附属小学教室

　　1924 年 7 月，中共武昌地方执行委员会正式成立，陈潭秋任委员长。同年，列宁逝世，陈潭秋在附小临街二楼的会议室，召开了一次党、团会议，到会者二十人左右。陈潭秋在会上发言，分析了列宁逝世与巩固苏维埃政权以及国际共运的关系问题。1924 年下半年，反帝反封建的民主革命运动在武汉三镇蓬勃发展，陈潭秋团结了周围一批进步青年和教师，经常在附小举行革命活动。当时，正处第一次国共合作时期，我党帮助孙中山改组后的国民党大量发展党员，曾在附小会议室举行了有数十人参加的国民党区党部成立大会，由陈潭秋主持会议。

　　1925 年春，陈潭秋与徐全直结婚，并于当年 6 月指导徐全直等筹备成立"武汉妇女协会"，并创办《武汉妇女》旬刊，该刊通讯处即设附小，徐全直任通讯联络人。7月，国民党湖北省第一次代表大会也在高师附小召开，正式成立了以共产党人和国民党左派为核心的国民党湖北省执行委员会，董必武任委员长，陈潭秋任组织部长。同年，党组织吸收了该校教师2名及学生中年龄较大的伍修权等4人为中国共产党党员。不久，伍修权等2人被党组织秘密派往苏联学习。参加团组织的同学先后有20多人。

同年，徐全直来附小教书。起初，陈潭秋夫妇居住在武昌草湖门内附近的安全巷1号中共湖北省委机关。次年，中共省委机关迁至雄楚楼15号，他俩又迁回附小居住，每天去雄楚楼办公。此后，陈潭秋因党务工作日益繁重，不再兼任附小教师，但仍住附小。

1926年九十月间，北伐军围攻武昌城长达40天，城内闹起了粮荒。在此期间，陈潭秋一家始终坚守在高师附小，组织大家在校园内寻找芭蕉心、菊花叶子、大椒叶子、鸡冠花等作代食品。当时，陈潭秋夫妇的新生女儿还在哺乳期，陈潭秋就让徐全直吃点干的，自己只喝米汤。即便在如此困难的情况下，陈潭秋仍镇定自若地开展工作，面对敌人的搜捕盘查，他总能挺身而出，与敌周旋，凭借其机智果敢和群众的掩护，屡次化险为夷。

北伐军破城后，武汉革命政府成立，改武昌高师附小为"湖北省立第一小学"，由党员王觉新任校长，并调去一些党团员任教师。从此，这所小学成为公开的革命活动中心，许多会议都在此召开。其中最重要的会议是4月27日在该校风雨操场举办的中共五大开幕式。陈独秀、蔡和森、瞿秋白、毛泽东、任弼时、刘少奇、邓中夏、张国焘、张太雷、李立三、李维汉、陈延年、彭湃、方志敏、恽代英、罗亦农、项英、董必武、陈潭秋、苏兆征、向警予、王若飞、向忠发、彭述之等82位中共代表到会。苏、英、美、法等国共产党代表及共产国际代表罗易、鲍罗廷和国民党代表徐谦、孙科、谭延闿等也出席大会。

开幕式主席台上高挂马克思和列宁的画像。陈独秀主持会议,以中共中央总书记的身份宣布开幕并致开幕词。随后,共产国际代表团团长罗易讲话,徐谦代表国民党中央致祝词,工会、学生会、青年团、童子军的代表也先后致词祝贺。整个会场气氛隆重热烈,根本不会让人察觉到这只是一个烟幕弹。第二天,会场里就没了代表们的踪影。大会的正式会议是从4月29日开始在汉口济生三马路的黄陂同乡会馆(今已不存)秘密举行的。

当时,共产党内以陈独秀为代表的右倾投降主义气氛日渐高涨,这极大助长了某些国民党右派的反革命气焰。1927年,蒋介石在上海悍然发动"四一二"反革命政变,宣告国共两党第一次合作的失败。接着,全国各地出现针对共产党人的大屠杀,中国革命的形势岌岌可危。

继续妥协退让还是奋起武装反抗,成为中国共产党当时最尖锐的问题。为了马上回答这个问题,中共五大在共产国际的直接组织下召开了。但也正因是在共产国际的控制之下召开的,导致中共五大的一切决议案都必须根据共产国际决议精神制定。而当时,共产国际执委会第七次扩大会议再次指责退出国民党的主张是错误的,同时又主张在中国立即开展土地革命。这一矛盾的指示,令中共五大难以制定出切合当时斗争形势的决议案,难以真正担负起在紧急关头挽救革命的任务。

虽然在会上瞿秋白、蔡和森、任弼时等众多同志对以陈独秀为总书记的中央所犯的右倾错误提出了尖锐的批评,可最终陈独秀仍然被选进中央领导机关。比较值得称道的是,五大第一次创建了党内监督机构——中央监察委员会,其任务是监督党的中央机关和工作人员并检举违法失职行为。在日后的历史发展进程中,它演进为了中纪委。此外,五大还第一次明确提出无产阶级必须与资产阶级争夺领导权,产生了中国共产党第一个正式完整的《土地问题议决案》，为后来的土地革命实践做了认识上的准备。五大第一次明确提出了"集体领导"和"民主集中制"的原则，扩大了党的中央委员会成员数量，毛泽东、周恩来、刘少奇、任弼时、李立三、张太雷等骨干得以进入中央领导层，为以后的中国革命和建设作出了重大贡献。

5月10日，中国共产主义青年团第四次全国代表大会在该校小礼堂召开，陈潭秋也出席了这次大会。但随着革命形势的急转直下，已经公开身份的湖北省立第一小学显然不再适合继续开展党的工作了。于是，在"七一五"事变前夕，陈潭秋接受党的安排，辗转前往南昌担任江西省委书记，徐全直陪同作机要工作，夫妇二人又投入了新的战斗。在后来的革命斗争中，徐全直和陈潭秋相继于1934年和1943年牺牲。

1956年，中国共产党第五次全国代表大会会址和陈潭秋革命活动旧址被公布为湖北省文物保护单位。1983年，武汉市政府对旧址临街二层建筑进行了落架大修，并在其二楼建立了"陈潭秋烈士纪念馆"（由陈云同志题写馆标），复原了"陈潭秋卧室"，设立了"陈潭秋同志在武汉革命活动陈列室"和"中共五大史料陈列室"，于当年9月27日陈潭秋牺牲40周年之际正式对外开放。

2006年10月，中共武汉市委、武汉市人民政府决定筹建中共五大会址纪念馆，并将都府堤打造为清末民初风格一条街，将中共五大会址对面的武昌公园打造为都府堤主题公园。

2007年5月，中共五大会址纪念馆正式动工，对4栋建于1918年的学宫式建筑进行保护性维修，并按照原图纸复建了风雨操场、小礼堂和原教工宿舍，还维修了六角亭，恢复了古井，修建了院内步道等工程。当年11月30日，中国共产党第五次全国代表大会纪念馆举行落成典礼并对外开放。纪念馆为一长方形院落，南北长约110米，东西宽约

70 米，占地面积约 7770 平方米，建筑面积约 3611 平方米，其建设规模是国内党代会纪念馆中最大的。

纪念馆当街为二层门楼，坐西朝东，总面宽 82 米，进深 8 米，占地面积约 673 平方米，建筑面积约 1360 平方米。外立面三段式对称布局，中间开间采用西方古典山花处理手法，带锁半圆形拱门上设一圆形窗户。青瓦双面坡屋顶上有巴洛克式花雕。入口两侧开间二层各设一小阳台，铁花栏杆。内檐为上下两层通廊，仿木圆柱外廊，柱头有叉拱和羊角雀替，又体现出了中国传统建筑特征。

纪念馆内部房屋均采用中国传统木建筑形式。门楼右侧是一处由 3 栋砖木结构平房组成的三合院，占地 1400 平方米。这是当年的教学用房，均为清水青砖，内廊木柱全为红色，内廊式布局，设有互相连通

图 7-11　中共五大会址纪念馆

的通廊和环绕建筑四周的游廊，窗户采用上下推拉式，方便师生在走道里活动。院落中间还设一中式六角亭，系 1922 年为纪念该校一教师而建。

门楼左侧是 1 栋青砖灰瓦的二层楼房，原为教工宿舍，现为中共五大历史陈列展厅。楼房与三合院之间是约 3000 平方米的操场。场边有一占地面积 386 平方米、建筑面积 773.08 平方米的风雨操场（中共五大开幕式会场），二层砖木结构，四面坡屋顶。与风雨操场并排的学校小礼堂（中国共产主义青年团第四次全国代表大会旧址）为砖木一层建筑，面积 185.59 平方米，无廊，两坡屋顶，青砖黑布瓦。以上 3 栋皆是根据老图纸复建的。

中共五大会址纪念馆的建成，既使新民主主义革命时期党在国内召开的六次党代会的会址纪念馆形成了完整的宣传系统，也将都府堤街打造成为国内大城市中少有的党史文化景观一条街。2013 年，中国共产党第五次全国代表大会旧址晋升为全国重点文物保护单位。

宝通寺

一、宝通寺

宝通寺位于武昌大东门外洪山南麓，背倚洪山，面临武珞路，曾得到过10位皇帝和6位王侯的护持，是一座极具特色的皇家寺院，为武汉四大佛教丛林（归元寺、宝通寺、古德寺、莲溪寺）之一。现存古建筑多为清末同治四年至光绪五年间（1865—1879年）重建，其规模居武昌诸刹之首，为三楚第一佛地。

宝通寺历史悠久，始建于南朝宋（420—479年）。洪山古名"东山"，乃三楚第一雄峰，寺以山名，曰"东山寺"，山门西向。唐贞观四年（630年），鄂国公尉迟恭（字敬德）扩建寺庙，铸造铁佛，改东山寺为"弥陀寺"。南宋后期，蒙古大军南下，随州一带沦为主战场，屡遭兵扰。宋嘉熙三年（1239年），京西湖北路制置使孟珙将随州大洪山的幽济禅寺（即灵峰寺）僧众连同镇山之宝——灵济慈忍大师的"佛足"迁来武昌（时称"鄂州"，为京湖制置司所在地）弥陀寺，扩寺安僧，并奏请赐寺名为"崇宁万寿禅寺"，改东山为"洪山"。元初，禅寺毁于火灾，此后得到多次扩建，规模与日俱增，殿宇也日益雄壮，山门也终于改为南向，可惜元末再度毁于战火。明洪武十六年（1383年），

图 8-1 宝通寺

朱元璋延请龙门海禅师担任万寿禅寺住持，并重修殿堂。成化二十一年（1485 年），明宪宗敕崇宁万寿禅寺为"宝通禅寺"，寺名沿用至今。崇祯八年（1635 年），宝通寺又得到历时四年的大规模维修。竣工典礼时，前来祝贺者竟达万人，寺庙规模趋于鼎盛。但好景不长，崇祯十六年（1643 年），张献忠部攻陷武昌，宝通寺再遭损毁，仅余大殿和洪山宝塔。清康熙十五年（1676 年）和乾隆五十七年（1792 年），宝通寺又得到两次大规模增修。咸丰元年（1851 年），寺庙再度毁于兵乱，直到同治四年（1865 年），才得以重建，至光绪五年（1879 年）建成，但规模大不如前。

1911 年辛亥革命期间，北洋军一度连下汉口、汉阳，武昌危在旦

图 8-2　1910 年代的宝通寺与洪山宝塔　（日本）山根倬三摄

夕。战时总司令蒋翊武将辛亥革命军战时司令部设于宝通寺，一时之间宝通寺成为了辛亥革命的军事指挥中心。寺内僧众也全然不顾自身安危，自愿参与革命军的抗清斗争，最终成功阻挡了清军过江，宝通寺也幸免于难。

当时尚未发迹的夏斗寅在寺内接受了整编和调遣。夏斗寅笃信佛教，每有行动必先到大殿上三炷香，祈求逢凶化吉，从此对宝通寺感恩戴德。1931 年，武汉遭遇严重水灾，8 月 6 日，时任武汉警备司令的夏斗寅在宝通寺设立"千僧斋"，赈济受灾的善男信女，以求得武汉民众对自己的好感。规定凡到会者皆发给"财施"（银圆 1 元、毛巾 1 条）和"法施"（《法供养》一文）。当日，佛寺山门前扎起紫色彩坊，上书

"普同供养"。天井中搭起金色布棚,内外张灯结彩,整个寺院布置庄严,气氛隆重。数千佛门弟子、善男信女闻讯而来,争相受济。慈舟法师登座讲经,为信众祈福,一时间香火繁盛,热闹非凡。

1932 年夏,夏斗寅升任湖北省政府主席之后不久,即协助宝通寺方丈问贤法师修缮寺院,收回寺院在战乱中失去的房产,恢复寺院往日荣光。在夏斗寅的鼎力支持下,宝通寺达到建寺以来的最大规模:山门设在岳王台(今傅家坡附近),并在城内龙神庙(今民主路荆南街附近)设下院,作为宝通寺的行馆,专供进城办事的僧人食宿。当时是宝通寺的鼎盛时期,香火异常兴旺。每逢清明,寺内全体僧众一行 60 余人列队出外采界(周游辖地),好不威风。1935 年 11 月 24 日,前总统黎元洪的国葬便是在宝通寺举行的超度仪式。

武汉沦陷时期,日军对宝通寺造成了极大的破坏:殿堂被毁,佛像被砸,连寺后的一片古松也遭到砍伐。日寇投降后,国民党的部队也常驻寺中,毁坏了许多设施,导致僧人无法潜心修行。

1952 年和 1953 年,武汉市人民政府两度拨款,将宝通寺修缮一新。1983 年,国务院确定宝通寺为佛教中国重点寺院和中国汉传佛教重点开放寺院。次年,国家拨款对宝通寺进行了全面维修,并召回僧众,恢复佛事活动。1992 年,宝通寺被公布为湖北省文物保护单位。1994 年,中国近代佛教改革派代表人物太虚法师创办的武昌佛学院在此复办,宝通寺成为中国最重要的僧伽教育基地。

如今的宝通寺坐北朝南,占地 10 万平方米,建筑依山就势,层叠有致。朱红山门上有赵朴初亲笔题写的"宝通禅寺"四个金色大字,门前一对明初雕刻的大石狮子,形态生动逼真。山门内有一大院落,中有放生池,池上有石桥,名"圣僧桥",传说为明末麻城高僧无念禅师云游至此的打坐修禅处。过桥后拾级而上,沿中轴线依次是天王殿、大雄宝殿、祖师殿、藏经阁、禅堂等，寺庙正院后面是法界宫，最上层为洪山宝塔。楼宇建筑斗拱飞檐，彩绘雕凿，庄严古朴。寺院周围古木参天，环境优雅。

天王殿又称弥勒殿或接引殿，殿左有一口咸丰年间的大铁钟，由武昌城内铁佛寺迁来。大雄宝殿内有一口大钟，乃当年孟珙迁灵峰寺时铸造，距今已近800年，该钟铁身铜缘，形体庞大，号称"万金钟"，声音雄浑，可传数里，是湖北省最古老的大型冶炼法器。

法界宫，亦称"罗汉堂"，建于1924年，是本寺方丈持松法师创建的密宗修密的殿堂。释持松，俗姓张，法名密林，字持松，湖北荆门人，1916年毕业于华严大学。1919年任常熟兴福寺方丈，开办破山佛学院。1922年冬至1923年底赴日修习密宗，得大阿阇黎（规范师）学

图 8-3　法界宫（刘建林供图）

图 8-4　三时塔（刘建林摄）

位。1924 年，应武汉佛教徒之请，回汉任宝通寺方丈。为恢复我国密宗，持松法师依唐密金刚部五佛曼荼罗修建法界宫，宝通寺因此成为中国近代密宗复兴的中心之一，持松法师也因挽回和重光失传千年的绝学而被称为"唐密复兴初祖"。原建筑已遭毁坏，仅剩一座三时塔，意即过去、现在、未来三时诸佛之塔，现已维修复原，风格融汇中西，石柱高耸，饰有浮雕。

二、洪山宝塔

洪山宝塔位于宝通寺后的洪山南坡之上，始建于元初，清代同治年间重修，高 45.6 米，是武汉最高的古塔。宝塔坐北朝南，为八角七层砖石合筑仿木结构楼阁式，塔身内部石砌，外部包砖，自下而上逐层内收，逐渐缩小成锥形（塔底宽 37 米，塔顶宽 4 米）。塔内设有螺旋式

洪山宝塔（麦小朵绘）

台阶，盘旋而上，可达顶端，尽览三镇风景。塔外墙壁嵌有元大德十一年（1307 年）塔记 5 方、至大元年（1308 年）塔记 1 方、延祐元年（1314 年）和二年（1315 年）塔记各 1 方。塔顶置铜铸文笔式塔刹。整个宝塔结构严谨，形体庄重，是武昌洪山风景区的标志性建筑。塔基下端有一高约 3 米、直径约 4 米的山洞，名曰"严华洞"。该洞面南背北，直穿洪山。宝塔东侧有几株古松，名"岳飞松"，据旧志记载为宋绍兴五年（1135 年）抗金名将岳飞亲手栽种。

图 8-5 洪山宝塔（刘建林摄）

洪山宝塔初名"灵济塔"，乃为纪念开山祖师灵济慈忍大师而募建。相传，慈忍大师法名善信，为晚唐洪州开元寺僧。宝历二年（826年），善信云游至随州大洪山。时逢大旱，见乡民准备杀猪宰羊以祭祀求雨，善信苦苦劝阻，乡民不听，情急之下，他斩断双足代替牲口祭神。此举感动了乡民，当地巨富张武陵施山捐地为其修建精舍。唐敬宗闻讯，赐善信法号"灵济慈忍大师"，并扩建精舍，赐名"幽济禅寺"，以供奉大师"佛足"。南宋后期，随州为宋元对峙前线，为避战火，京湖制置使孟珙迁寺及"佛足"于武昌东山，东山因之改名"洪山"。

至元十七年（1280年），方丈缘庵禅师为纪念灵济慈忍大师，募资修塔。一说佛塔兴工于至元七年（1270年），竣工于至元二十八年（1291年）。塔身七级八角，每层外围均有木质飞檐和护栏，八角坠以风铃，塔下设砖木围廊。佛塔设计精巧，工程浩大，可谓当时的湖广行省第一塔。明成化二十一年（1485年），寺庙改称"宝通禅寺"。灵济塔随之改名"宝通塔"，后因位于洪山之上，故俗称"洪山宝塔"。

咸丰年间（1851—1861年），太平军与清军曾在武昌洪山展开激战，宝塔因此失去塔顶。同治十年至十三年（1871—1874年），湖广总督李翰章（李鸿章的哥哥）主持宝塔大修，为求永固，乃改木质飞檐为石质、木栏为铁栏、塔下四周木廊为八方石阶，塔顶依照原样复建并增高五尺，且加文笔峰式铸紫铜万斤塔刹，高出洪山主峰，令宝塔更显威武挺拔。宝塔与寺院巧妙结合，规模宏大，设计精巧，时称鄂中第一。

1953年，洪山宝塔曾进行过一次维修，护栏被更换为钢管。1956年，洪山宝塔被公布为湖北省文物保护单位。1981年，武汉市政府再次拨款维修。如今四十年过去了，洪山宝塔又到了亟待修缮的关头。

三、无影塔

无影塔位于宝通寺西侧。原在洪山东山脚下的兴福寺，称"兴福寺塔"。相传因每当夏至中午时分，塔四面无影，故又得名"无影塔"。又因它比附近的洪山宝塔小很多，又有"小塔"之称。无影塔始建于南宋咸淳六年（1270年），石砌仿木结构，垂檐楼阁式，七层八面，高11.25米，塔四周均有雕刻，是武汉现存最早的佛塔。

图 8-6　无影塔（刘建林摄）

兴福寺原名"晋安寺",位于洪山东麓,是武汉地区最古老的寺庙之一,始建于梁元帝承圣年间(552—555年),隋文帝仁寿元年(601年)改名"兴福寺"。据《明一统志》载,无影塔下有浪花井,"水常沸涌如浪",为镇压地下水眼,至迟在唐代已在其上建塔。坊间又有传闻,说此塔正处"江南龙脉"(即蛇山)的龙尾,故建塔镇龙。南宋咸淳六年(1270年),佛塔在原址重建,塔身用大小不等的石块仿照木结构形式雕砌而成,下为石砌须弥座,座底直径4.25米,每面雕有不同的植物花纹,刀法曲折隐现,姿态潇洒生动。塔身分七层,其中四层有小龛(也有人因此认为此塔应为四层),嵌刻有菩萨、罗汉、力士及供养人浮雕像及花草纹饰,变化多端,形象生动,庄严肃穆,惜今多不存。在第一层南面小龛的左侧刻有"住大洪山胜象兴福寺重修",右侧刻有"咸淳六年岁次庚午四月浴佛日知事僧宗杰题",清晰记载了石塔的重建年代和主管僧人。

咸丰三年(1853年),太平军进占武昌,兴福寺遭毁,仅石塔幸存。1953年,中南民族学院兴建校舍,兴福寺遗址和石塔在校园内。1963年,因塔身已破裂倾斜,濒临倒塌,文物部门将其构件编号拆除,由建筑师张良皋主持,迁至今址原样复建。拆迁时,从塔身一层小方室内清理出一座鎏金立式佛像和200多枚宋代铜钱,现藏武汉市博物馆。位置变动后,无影奇观不复存在,但其古朴雅致的风貌仍存。2001年,无影塔再度得到维修。2013年,无影塔被列为全国重点文物保护单位。

长春观

　　长春观位于武昌大东门东北角双峰山南麓、蛇山（黄鹄山）中部，
为我国道教著名十方丛林之一，全真教派天下四大丛林之一，乃为纪念
全真龙门派祖师长春真人丘处机而建，并以之命名，始建于元代，现存
古建筑主要为同治二年（1863年）重建和1925、1931年扩建修缮的，

图 9-1　长春观（刘建林摄）

是武汉地区规模最大、保存最完整的道教建筑群。

长春观所在的双峰山，原来古松参天，连成一片，故又名"松岛"，春秋战国时期即为楚地拜神崇巫圣地，传说道教始祖老子曾游历至此，历来为道教活动场所，被称为"江南一大福地"。又传说此地曾建有"老子宫"，宋元时期，"长春子"丘处机曾到此修炼传道。丘处机（1148—1227年）是登州栖霞人，19岁时至宁海拜王重阳为师，出家为全真道人，后来成为全真派北七真之一。他仿效佛教，建立道教十方丛林制度，并创立龙门派，曾劝元太祖成吉思汗施行仁政并教授其"清心寡欲"的延寿之法，受到成吉思汗的封赏，以其为大宗师，掌管天下道教。丘处机还分派多路弟子，尾随南下元军，安抚流民，收葬尸骨，救济灾民。

丘处机死后数十年，至元六年（1269年），元世祖忽必烈因其道号敕封他为"长春演道主教真人"，并在全国大力推广其教派，广修道观，建立道教七十二大丛林。武昌双峰山因曾为丘处机修炼之地，故建长春观以供奉之。道观始建于至元二十四年（1287年），为丘处机弟子在"太极宫"基础上修建而成。长春观建成后，规模恢宏，成为道教名观。

明初，楚王朱桢在其寿诞之日至黄鹄山长春观为其父朱元璋祈寿，因"长春"寓意吉祥，遂改黄鹄山为"长春山"。明永乐十二年（1414年），长春观得到维修和重建，至明中叶即为"仙真代出，屋宇千间，道友万数，香火辉煌"的道教丛林，道教活动臻于鼎盛。清康熙二十六年（1687年），长春观又得增建。乾隆三十八年（1773年），清高祖弘历曾御赐长春观"甘棠"石刻，这是在道教建筑中为数不多的帝王题词，现仍立于观内。

此外，乾嘉学派的代表人物钱大昕也曾来此阅览《道藏》，并作有《三洞璇华序》，当时长春观仍被誉为"江楚名区，道子云集之处，黄冠皈依之所"。

图 9-2　甘棠石刻（落款为乾隆癸巳，即乾隆三十八年）（刘建林摄）

　　咸丰二年至五年（1852—1855年），太平军三次攻打武昌城，长春观再遭兵燹，屋宇无存。数年后，全真道龙门派第十六代宗师何合春从武当山来到此地，发愿重建，率道众四处募化，至同治二年(1863年)，得提督李世忠捐银7700多两、湖广总督官文捐银2800两，遂以此款修葺太清殿并仿明代建筑形式和布局重建三皇殿、紫微殿、玉皇阁等建筑，使长春观又"庙貌森严，回复旧观"。在太清殿前的两侧墙上，至今仍嵌有何合春刻的两块石碑，以记此事。因主要捐资助建者之一的官文是满洲人，崇信藏传佛教，故修观工匠受其影响，将藏族吉祥物大象及藏红花图案装饰于殿堂，使长春观成为我国唯一一处带有藏式风格的道教建筑群。

　　1923年，长期主持长春观对外交往的侯永德继任监院。上任后，他进一步加强与萧耀南、夏斗寅、贺衡夫、徐荣廷、叶凤池等武汉三镇军政要员和工商业界名流的交往，为长春观的发展创造了条件。此外，他还通过道教经忏仪式服务赢得了广大信众的支持。1923年武汉大旱，湖北督军萧耀南至长春观祈雨，请侯永德主法。侯永德沐浴斋戒几日之后，三更半夜起身，由长春观走到卓刀泉，从泉水中汲取一大杯水，之后又双手捧杯一口气走到汉阳门江边，一路并非坦途而杯中泉水竟未洒分毫。至江边后，侯永德又朝天叩头祈雨，然后把泉水倒入江中以引水，结果真迎来了"甘霖普降"，给武汉三镇民众和地方政要留下了深刻印象。此后两年，武汉连遭大旱，萧耀南每次必到观内祈雨，"须臾甘霖有降"。督军大为感动，遂于1925年捐俸银2000元，助长春观兴建藏经阁。在大旱期间，侯永德主持武汉道教界开展全方位的慈善活动，如兴义学、养孤儿、施义诊、办赈灾、宣善书、施义棺等，大大提升了长春观的声望。

与此同时，侯永德还开展了长春观的宫观建设，如置办田产、兴复宫观等，最著名者当属1925年兴建的道藏阁。侯永德受西方思潮影响，结合欧式和中式两种风格，将道藏阁修建成全国唯一的以欧式建筑为主体的道教建筑。其屋檐上用水泥"堆塑"而成的传统花饰，其工艺现已失传，堪为一绝。

1925年，士族大德项竹坪捐大洋5000元，侯永德敬请武昌武当宫方丈刘嗣授律师前来开坛传戒，是为湖北长春观民国乙丑戒坛。这次传戒圆满成功，度戒子454名（共有470多人参加）。曾任民国大总统的黎元洪赠"大愿圆满"匾，湖北督军萧耀南赠"道岸同登"匾。此次传戒活动大大推动了武汉三镇道教的发展。

1926年9月初，北伐军强攻武昌，叶挺独立师驻扎长春观，并在三皇殿设立前线指挥部。国民革命军总政治部副主任郭沫若曾在观内暂住。邓演达在武昌城下督战时，子弹穿其衣袖而过，此后邓演达率军退至长春观，利用其高势及围墙，与吴佩孚的军队继续作战。战斗异常惨烈，他的俄语翻译纪德甫殉难在观内。为此郭沫若题诗痛悼北伐英烈："一弹穿头复贯胸，成仁心事底从容。宾阳门外长春观，留待千秋史管彤。"在纪德甫同志牺牲后，北伐军对武昌城的军事行动由强攻改为围攻，长春观由此成为武昌40天围城开始的见证地。

1931年，在军阀夏斗寅的资助下，长春观又进行了一次较大规模的修缮，前殿后庑、门廊过道更臻完善，形成了一个三路五进、依山就势、布局完整的道教建筑群。中路为主体建筑，有山门、灵官殿、二神殿、太清殿、古神祇坛、古先农坛等。左路为十方堂、经堂、大客堂、功德祠、大士阁、来成殿和藏经阁等。右路为厨房、斋堂、寮房、丘祖殿、住持堂、世谱堂和纯阳祠等。长春观主要建筑为砖木结构，殿宇均系仿明代建筑，斗拱飞檐，梁柱栏板和殿内神龛的雕刻精巧细腻、生动异常，具有典型的湖北道教建筑特色。

图9-3　长春观全景（刘建林摄）

　　20 世纪二三十年代，在侯永德的苦心经营之下，长春观的地位不断提升，成为了武汉三镇乃至中南地区一座主要的全真丛林。

　　20 世纪 50 年代，因建造武汉长江大桥，黄鹤楼旧址的吕祖阁被拆除，吕洞宾卧像和"五百灵官"被移入长春观内，使长春观成为武汉保存道教文物最集中、最丰富的道观。此外，长春观还存有全国唯一一块"天文图"碑。该碑重刻于 1936 年，分三部分：正中为天文图，图以北斗为圆心，囊括二十八星宿、三垣等古星空体系，四角刻有"长春璇玑"四字；上方正中刻有"谕旨"二字，蟠龙祥云环绕；下方刻有《天皇宝

图 9-4　"天文图"碑（刘建林摄）

图 9-5　重修的道藏阁（刘建林摄）

诰》文及序，是极珍贵的天文学文物。

　　1956 年，长春观因观前武珞路的扩建而由五进缩为四进。1982 年，长春观被国务院列为全国道教重点宫观。此后，政府屡次拨款重塑神像，修缮增建殿宇和景观，重建被毁建筑，长春观的道教活动于 1984 年恢复并蓬勃发展。1992 年，长春观成为湖北省文物保护单位。1999 年，著名的道藏阁也得以重修。如今的长春观已身处闹市区多年，但却闹中取静，成为一处绝佳的道人清修之所。

参考文献

一、著作

1. 黎少岑 . 武汉今昔谈 [M]. 武汉：湖北人民出版社，1957.

2. 长江文艺出版社 . 武汉长江大桥特写通讯选集 [M]. 武汉：长江文艺出版社，1958.

3. 中央农民运动讲习所旧址纪念馆，武汉大学历史系 . 毛泽东同志主办的中央农民运动讲习所 [M]. 武汉：湖北人民出版社，1977.

4. 刁抱石 . 辛亥武昌首义史话 [M]. 台北：畅流半月刊社，1981.

5. 何炳然 . 武昌起义史话 [M]. 北京：中国展望出版社，1981.

6. 湖北省社会科学院 . 回忆陈潭秋 [M]. 武汉：华中工学院出版社，1981.

7. 皮明庥，和穆熙，阮方，等 . 武昌首义遗迹巡礼 [M]. 武汉：湖北人民出版社，1981.

8. 皮明庥 . 武汉革命史迹要览 [M]. 武汉：湖北人民出版社，1981.

9. 中国新闻社 . 辛亥风云 [M]. 北京：中国展望出版社，1982.

10. 黄鹤楼公园管理处 . 黄鹤楼 [M]. 武汉：湖北人民出版社，1984.

11. 皮明庥，吴光耀，田原，等 . 辛亥武昌首义史事志 [M]. 西安：陕西师范大学出版社，1986.

12. 李权时，皮明庥 . 武汉通览 [M]. 武汉：武汉出版社，1988.

13. 陈诗 . 湖北旧闻录 [M]. 武汉：武汉出版社，1989.

14. 武汉地方志编纂委员会 . 武汉市志·文物志 [M]. 武汉：武汉大学出版社，1990.

15. 武汉市地名委员会 . 武汉地名志 [M]. 武汉：武汉出版社，1990.

16. 李传义，张复合，村松伸，等 . 中国近代建筑总览·武汉篇 [M]. 北京：中国建筑工业出版社，1992.

17. 皮明庥、欧阳植梁 . 武汉史稿 [M]. 北京：中国文史出版社，1992.

18. 刘继增，毛磊，袁继成，等 . 毛泽东在湖北 [M]. 武汉：湖北人民出版社，1993.

19. 刘双平 . 漫话武大 [M]. 武汉：武汉大学出版社，1993.

20. 马昌松 . 黄鹤楼纵横谈 [M]. 武汉：武汉出版社，1993.

21. 吴贻谷 . 武汉大学校史 1893-1993[M]. 武汉：武汉大学出版社，1993.

22. 夏康，柯希树 . 武昌史话 [M]. 武汉：华中师范大学出版社，1993.

23. 辛亥革命武昌起义纪念馆 . 辛亥革命研究及其它 [M]. 武汉：武汉大学出版社，1994.

24. 荣斌，徐世典 . 中国历史文化名城 [M]. 济南：山东友谊出版社，1996.

25. 寿充一，寿墨聊，寿乐英 . 近代中国工商人物志（第二册）[M]. 北京：中国文史出版社，1996.

26. 彭卿云 . 中国历史文化名城词典·续编·国务院公布第二批历史文化名城 [M]. 上海：上海辞书出版社，1997.

27. 龙泉明，徐正榜 . 老武大的故事 [M]. 南京：江苏文艺出版社，1998.

28. 王茂华，周燎刚等 . 爱国主义教育示范基地大博览 [M]. 北京：红旗出版社；广州：广东人民出版社，1998.

29. 王兴科 . 这也是一座红楼：辛亥革命武昌起义纪念馆 [M]. 北京：中国大百科全书出版社，1998.

30. 周斌，全国正 . 农民革命的课堂：中央农民运动讲习所旧址纪念馆 [M]. 北京：中国大百科全书出版社，1998.

31. 冯天瑜 . 黄鹤楼志 [M]. 武汉：武汉大学出版社，1999.

32. 徐正榜 . 武大逸事 [M]. 沈阳：辽海出版社，1999.

33. 李理安 . 长春观志 [M]. 南京：江苏古籍出版社，2000.

34. 曹必宏，戚厚杰 . 湖北旧影 [M]. 武汉：湖北教育出版社，2001.

35. 甘骏 . 辛亥首义红楼 [M]. 武汉：武汉出版社，2001.

36. 张国保，余楚民 . 黄鹤楼 [M]. 武汉：武汉出版社，2001.

37. 郑自来，郝钢以 . 武汉革命胜迹 [M]. 武汉：武汉出版社，2001.

38. 涂勇 . 武汉历史建筑要览 [M]. 武汉：湖北人民出版社，2002.

39. 涂文学 . 东湖史话 [M]. 武汉：武汉出版社，2004.

40. 杨朝伟，刘君 . 红色武昌 [M]. 武汉：武汉出版社，2004.

41. 胡榴明 . 夕阳无语：武汉老公馆 [M]. 天津：百花文艺出版社，2005.

42. 涂文学 . 沦陷时期武汉的社会与文化 [M]. 武汉：武汉出版社，2005.

43. 逄先知 . 毛泽东年谱（1893-1949）（上）[M].2 版 . 北京：中央文献出版社，2005.

44. 李晓虹，陈协强 . 武汉大学早期建筑 [M]. 武汉：湖北美术出版社，2006.

45. 涂文学 . 武汉通史（中华民国卷）[M]. 武汉：武汉出版社，2006.

46. 杨朝伟 . 历史文化街区昙华林 [M]. 武汉：武汉出版社，2006.

47. 杨华玉 . 精品仿古建筑——黄鹤楼工程施工 [M]. 北京：中国水利水电出版社，2006.

48. 一方 . 至胜黄鹤楼 [M]. 北京：中国档案出版社，2006.

49. 政协武汉市武昌区委员会 . 武昌老地名 [M]. 武汉：武汉出版社，2007.

50. 涂文学 . 沦陷时期武汉的经济与市政 [M]. 武汉：武汉出版社，2007.

51. 中共中央文献研究室 . 周恩来年谱（1898-1949）（上）[M]. 北京：中央文献出版社，2007.

52. 解家麟，夏武全 . 品读武汉名人故居 [M]. 武汉：湖北教育出版社，2008.

53. 武昌区政协文史编辑委员会 . 武昌老地名：人文自然地名 [M]. 武汉：武汉出版社，2008.

54. 武汉市武昌区地方志编纂委员会 . 武昌区志 [M]. 武汉：武汉出版社，2008.

55. 金冬瑞 . 黄鹤楼 [M]. 长春：吉林文史出版社，2009.

56. 湖北省文物局 . 湖北文化遗产——全国重点文物保护单位 [M]. 北京：文物出版社，2009.

57. 东北烈士纪念馆主编 . 建筑记忆 [M]. 北京：北京出版社，2010.

58. 胡嘉猷，杜建国．荆楚百处古代建筑 [M]．武汉：湖北教育出版社，2010.

59. 蓝青．武汉老房子老巷子 [M]．武汉：武汉出版社，2010.

60. 罗时汉．城市英雄：武昌首义世纪读本 [M]．武汉：长江文艺出版社，2010.

61. 武汉市汉阳区地方志办公室．汉阳桥梁小志 [M]．武汉：武汉出版社，2010.

62. 武汉政协文史委，长江日报报业集团，武汉出版集团公司．品读武汉文化名人 [M]．武汉：武汉出版社，2010.

63. 冯天瑜，张笃勤．辛亥首义史 [M]．武汉：湖北人民出版社，2011.

64. 古敏．帝制的崩溃：辛亥革命百年史话 [M]．北京：中国城市出版社，2011.

65. 罗福惠，朱英．辛亥革命的百年记忆与诠释（第 4 卷）·纪念空间与辛亥革命百年记忆 [M]．武汉：华中师范大学出版社，2011.

66. 王兴科．辛亥革命历史地图 [M]．北京：中国地图出版社，2011.

67. 武汉市政协文史学习委员会，长江日报报业集团，武汉出版集团公司等．品读武汉工商名人 [M]．武汉：武汉出版社，2011.

68. 杨庆旺．毛泽东旧居考察记（上）[M]．北京：中央文献出版社，2011.

69. 中共武汉市武昌区委党史办公室．中国共产党武昌历史（1949-1978）[M]．武汉：武汉出版社，2011.

70. 中国国民党革命委员会武汉市委员会．辛亥百年·武汉 [M]．武汉：武汉出版社，2011.

71. 龙泉明，徐正榜．老武大的故事 [M]．南京：江苏文艺出版社，2012.

72. 舒炼．名人武汉足印丛书·文化卷 [M]．武汉：武汉出版社，2012.

73. 田飞，李果．寻城记·武汉 [M]．北京：商务印书馆，2012.

74. 万艳华．荆楚名楼揽胜 [M]．武汉：武汉出版社，2012.

75. 肖志华，严昌洪．武汉掌故 [M]．武汉：武汉出版社，2012.

76. 余启新．荆楚桥梁 [M]．武汉：武汉出版社，2012.

77. 朱秋，徐晓飞．风云际会：中国共产党第五次全国代表大会 [M]．石家庄：河北人民出版社，2012.

78. 董中锋．华大精神与人文底蕴——学人·学术·学养 [M]．武汉：华中师范大学出版社，2013.

79. 夏武全，韩玉晔．品读黄鹤楼 [M]．武汉：武汉出版社，2013.

80. 谢红星 . 武汉大学校史新编（1893—2013）[M]. 武汉：武汉大学出版社，2013.

81. 杨欣欣，肖珊 . 珞珈风雅 [M]. 武汉：武汉大学出版社，2013.

82. 杨玉如 . 辛亥革命先著记 [M]. 北京：知识产权出版社，2013.

83. 姚伟钧，李明晨 . 黄鹤楼史话 [M]. 武汉：武汉出版社，2013.

84. 俞汝捷，余启新 . 胜景留踪 黄鹤楼与名人 [M]. 武汉：武汉出版社，2013.

85. 袁北星 . 荆楚近代史话 [M]. 武汉：武汉出版社，2013.

86. 周挥辉 . 百年华大与百年记忆 [M]. 武汉：华中师范大学出版社，2013.

87. 宋杰 . 武昌·1790 城纪——纪念武昌建城 1790 周年 [M]. 武汉：湖北人民出版社，2014.

88. 武汉市城市建设档案馆 . 武汉高等院校建筑 [M]. 武汉：湖北美术出版社，2014.

89. 武汉市国家历史文化名城保护委员会办公室 . 武汉：国家历史文化名城通览 [M]. 武汉：武汉出版社，2014.

90. 陈丽芳，刘桂英 . 武汉东湖故事 [M]. 武汉：长江出版社，2015.

91. 涂上飚 . 国立武汉大学初创十年（1928—1938）[M]. 武汉：长江出版社，2015.

92. 吴明堂，张崇明 . 武汉湖泊故事 [M]. 武汉：长江出版社，2015.

93. 武汉市政协文史学习委员会，长江日报报业集团，华中师范大学历史文化学院，等 . 品读武汉风景园林 [M]. 武汉：武汉出版社，2015。

94. 武汉 /《湖北省湖泊志》编纂委员会 . 东湖 [M]. 武汉：湖北科学技术出版社，2016.

95. 武汉市档案馆 . 老房子的述说：武汉近现代建筑精华集萃 [M]. 武汉：武汉出版社，2016.

96. 中国文物学会 20 世纪建筑遗产委员会 . 中国 20 世纪建筑遗产名录（第 1 卷）[M]. 天津：天津大学出版社，2016.

97. 陈元玉 . 民族艺术的奇葩：武汉长江大桥建筑艺术与护栏图案诠释 [M]. 武汉：武汉大学出版社，2017.

98. 丁援、李杰、吴莎冰 . 武汉历史建筑图志 [M]. 武汉：武汉出版社，2017.

99. 涂上飙 . 珞珈风云：武汉大学校园史迹探微 [M]. 武汉：武汉大学出版社，
2017.

100. 武昌区地方志办公室 . 武昌旧城 [M]. 武汉：武汉出版社，2017.

101. 陈李波，徐宇甦，眭放步 . 武汉近代公馆・别墅・故居建筑 [M].2 版 . 武汉：
武汉理工大学出版社，2018.

102. 黄春华 . 春华秋实集 [M]. 武汉：湖北人民出版社，2018.

103. 涂文学，刘庆平 . 武汉沦陷史 [M]. 武汉：湖北教育出版社，2018.

104. 陈冠任 . 杨开慧：毛泽东的"人间知己"[M]. 成都：天地出版社，2019.

105. 付海晏等 . 国家、宗教与社会：以近代全真宫观为中心的探讨（1800–1949）
[M].武汉：华中师范大学出版社，2019.

106. 刘文祥 . 珞珈筑记：一座近代国立大学新校园的诞生 [M]. 桂林：广西师范
大学出版社，2019.

107. 许颖，马志亮 . 武昌老建筑 [M]. 武汉：武汉出版社，2019.

108. 姚伟钧，李明晨 . 黄鹤楼沧桑 [M]. 武汉：武汉出版社，2019.

二、论文

1. 游客 . 武昌黄鹤楼 [N]. 茶话，1946(02)：54.

2. 曾宪林 . 党的几位主要创始人最初来武汉的一些史实 [M]// 湖北人民出版
社 . 楚晖丛书（第 2 辑）. 武汉：湖北人民出版社，1981：18-31.

3. 赵师梅 . 亲手绘战旗，首树武昌城 [M]// 中国新闻社 . 辛亥风云，北京：中
国展望出版社，1982：106-108.

4. 贺衡夫 . 我所知道的侯道人 [M]// 中国人民政治协商会议武汉市委员会文
史资料委员会 . 武汉文史资料，1985(03)：127-129.

5. 向欣然 . 论黄鹤楼形象的再创造 [J]. 建筑学报，1986(08):41-47.

6. 向欣然 . 黄鹤楼重建工程 [J]. 世界建筑导报，1995(02)：31-32.

7. 傅炯业 . 黄鹤楼的设计者向欣然 [J]. 武汉文史资料，2004(12)：14-18.

8. 李华 . 清代黄鹤楼建筑考 [J]. 武汉理工大学学报（社会科学版），2004(03)：
386-389.

9. 刘谦定 . 刘公公馆与九角十八星旗始末 [J]. 武汉文史资料，2006(05)：

31-33.

10. 宫强.武汉长江大桥通车前后纪事 [J].武汉文史资料，2006(12)：4-6.

11. 万林.武汉长江大桥建设中的片段回忆 [J].武汉文史资料，2007(10)：4-8.

12. 王玲.大革命时期毛泽东在武汉的革命实践 [C]// 肖邮华.理论研究与实践探索：第三届全国毛泽东纪念馆联谊会学术研讨会论文集，北京：中央文献出版社，2008 年：59-64.

13. 阮哲.张之洞欲建铁黄鹤楼 [J].武汉文史资料，2009(10)：36.

14. 高万娥，许汉琴.中共五大会址纪念馆建设的回顾与启示 [C]// 中国博物馆学会纪念馆专业委员会，上海鲁迅纪念馆.中国博物馆学会纪念馆专业委员会第三次年会暨城市建设与文化遗产保护论坛论文集，上海：上海社会科学院出版社，2010：249-255.

15. 孟婵.从中共五大会址纪念馆的发展看城市发展中的纪念馆建设 [C]// 中国博物馆学会纪念馆专业委员会，上海鲁迅纪念馆.中国博物馆学会纪念馆专业委员会第三次年会暨城市建设与文化遗产保护论坛论文集，上海：上海社会科学院出版社，2010：346-354.

16. 程葆华.黄鹤楼纪述 [J].武汉文史资料，2011(12)：42.

17. 丁援，姜一公.武汉红楼：从晚清政改到辛亥首义 [J].中国文化遗产，2011(05)：82-86.

18. 刘重喜.怀念祖父母刘公、刘一 [C]// 陈元生.百年回望——辛亥革命志士后裔忆先辈，武汉：武汉出版社，2011：20-25.

19. 谢三山，肖衡林.武昌县华林老街改造与开发利用 [J].中华建设，2012(03)：96-97.

20. 蔡涛.1938 年：国家与艺术家·黄鹤楼大壁画与抗战初期中国现代美术的转型 [D].中国美术学院，2013.

21. 王兆鹏，邵大为.宋前黄鹤楼兴废考 [J].江汉论坛，2013(01)：91-96.

22. 梅莉.军事哨楼 游宴场所 城市地标——黄鹤楼历史文化意蕴探寻 [J].华中师范大学学报（人文社会科学版），2014 年 (06)：127-139.

23. 邱成英，刘春玲.圆梦"红楼"——辛亥革命武昌起义纪念馆议员公所复原维修工程纪实 [J].中华建设，2014(08)：68-69.

24. 朱晓丽，张献梅. 黄鹤楼建筑形式所体现的人文历史价值 [J]. 兰台世界，2014(18)：153-154.

25. 李鹏燕. 黄鹤楼传说群的生成及其景观叙事研究 [D]. 华中师范大学，2015.

26. 邵大为. 文化名楼的历史还原 [D]. 武汉大学，2015.

27. 杨洋. 浅论武汉近代历史建筑文化遗产保护成果——以武昌昙华林历史文化片区为例 [J]. 华中建筑，2015(09)：178-181.

28. 周巍. 武汉市昙华林历史文化街区旅游开发研究 [D]. 湖北大学，2015.

29. 姚博龙，张倩，付荆林. 昙华林历史文化建筑再利用现状与思考——以"花园山牧师楼"为例 [J]. 建筑与文化，2017(08)：173-175.

30. 李庆南. 阅马场往事沧桑 [J]. 武汉文史资料，2018(04)：59-64.

31. 耀净. 三楚第一佛地 —— 荆楚名刹古观之宝通禅寺 [J]. 民族大家庭，2018(02)：36-38.

32. 向元芬. 武昌红楼 [J]. 档案记忆，2019(10)：17-21.

33. 周德钧，朱声媛. 东湖文化与武汉城市文化之关系探论 [J]. 决策与信息，2019(03)：10-19.

34. 邵大为. 替代与补偿：黄鹤楼与蛇山南楼关系考 [J]. 江汉论坛，2020(08)：92-96.